La Mort

Des mêmes auteurs

La Santé par le plaisir de bien manger. La médecine préventive au quotidien, Éditions du Trécarré, 2009.

Cuisiner avec les aliments contre le cancer, Éditions du Trécarré, 2006.

Les Aliments contre le cancer. La prévention du cancer par l'alimentation, Éditions du Trécarré, 2005.

Richard Béliveau Ph. D. ▪ Denis Gingras Ph. D.

La Mort

Mieux la comprendre et moins la craindre
pour mieux célébrer la vie

TRÉCARRÉ
Une compagnie de Quebecor Media

Catalogage avant publication de Bibliothèque et Archives nationales du Québec et Bibliothèque et Archives Canada

Béliveau, Richard, 1953-

    La mort : mieux la comprendre et moins la craindre pour mieux célébrer la vie
    Comprend des réf. bibliogr.
    ISBN 978-2-89568-471-8

    1. Mort (Biologie).   2. Mort - Philosophie.   3. Vie (Biologie).   4. Mort - Citations, maximes, etc.   5. Mort - Ouvrages illustrés.
I. Gingras, Denis, 1965 . II. Titre.

QH530.B44 2010   571.9'39   C2010-941665-1

Édition : Martin Bélanger
Révision linguistique : Nadine Tremblay
Correction d'épreuves : Dominique Issenhuth
Direction artistique : Axel Pérez de León et Marike Paradis
Couverture : Axel Pérez de León
Grille graphique intérieure : Axel Pérez de León et Marike Paradis
Mise en pages : Hamid Aittouares
Photo des auteurs : Jacques Migneault
Illustrations : Amélie Roberge
Recherche iconographique : Sarah Scott et Aurélie Lannou
Relecture scientifique : Jessica Massicotte-Marquez, Ph. D. neuropsychologue

Remerciements

Les Éditions du Trécarré reconnaissent l'aide financière du gouvernement du Canada par l'entremise du Fonds du livre du Canada pour leurs activités d'édition. Nous remercions la Société de développement des entreprises culturelles du Québec (SODEC) du soutien accordé à notre programme de publication. Gouvernement du Québec – Programme de crédit d'impôt pour l'édition de livres – gestion SODEC.

Les Éditions du Trécarré
Groupe Librex inc.
Une compagnie de Quebecor Media
La Tourelle
1055, boul. René-Lévesque Est
Bureau 800
Montréal (Québec) H2L 4S5
Tél. : 514 849-5259
Téléc. : 514 849-1388
www.edtrecarre.com

Dépôt légal – Bibliothèque et Archives nationales du Québec et Bibliothèque et Archives Canada, 2010

ISBN 978-2-89568-471-8

Distribution au Canada
Messageries ADP
2315, rue de la Province
Longueuil (Québec) J4G 1G4
Tél. : 450 640-1234
Sans frais : 1 800 771-3022
www.messageries-adp.com

À tous ceux qui, par leur mort,
nous auront appris davantage que par leur vie...

Nos remerciements les plus sincères à ceux qui, par leur expertise scientifique ou médicale, leur sens critique et leur vision humaniste, nous ont permis d'améliorer notre travail de rédaction :

Dre Agathe Blanchette, M.D., médecin de famille, LMCC, spécialisée en soins palliatifs et en traitement de la douleur au CSSS de Trois-Rivières ;

Dr Michel W. Bojanowski, M.D., F.R.C.S. (C), professeur titulaire, Département de neurochirurgie, Université de Montréal, neurochirurgien, Centre hospitalier de l'Université de Montréal ;

Dr Vincent Castellucci, Ph.D., vice-doyen adjoint à la recherche, Faculté de médecine et professeur titulaire de physiologie, Université de Montréal ;

Dr Pierre Dargis, Ph.D., docteur en physique et enseignant de physique au Cégep Limoilou ;

Dre Marie-Claude Delisle, M.D. Ph.D., psychiatre à l'hôpital Louis-H.-Lafontaine et professeure à l'Université de Montréal ;

Dr Jean Desaulniers, médecin de famille, responsable régional en développement professionnel continu de l'Association des médecins omnipraticiens de la Mauricie, filiale de la Fédération des médecins omnipraticiens du Québec ;

Dr Pierre Marsolais, M.D., médecin interniste intensiviste à l'hôpital Sacré-Cœur, conseiller à l'enseignement et au développement hospitalier pour Québec-Transplant, professeur adjoint de clinique à l'Université de Montréal ;

Dr Sergio Faria, M.D., radio-oncologue, Hôpital général de Montréal, Centre universitaire de santé McGill ;

Dre Lucie Lessard, M.D., F.R.C.S., Département de chirurgie plastique et de reconstruction, Université McGill ;

M. Yves Béliveau, érudit à tendance ludique et grand esthète devant l'Éternel.

Merci enfin à tous ces patients qui, au fil des ans, face à la mort, nous ont communiqué leur amour de la vie, leur angoisse de la mort ou leur sérénité de fin de vie. Vos pensées, votre sagesse ou votre humour ont été une source d'inspiration. Vous avez été à l'origine de l'écriture de cet ouvrage.

Avant-propos

Vivre constitue une expérience exaltante et enrichissante. Même si toute vie humaine comporte une bonne part d'épreuves et de tristesse, elle est surtout l'occasion d'élargir nos horizons et nos connaissances, de relever des défis et de réaliser nos objectifs et nos rêves, qu'ils soient affectifs, professionnels ou matériels. Nous sommes choyés d'être à une époque où les progrès de la médecine permettent d'envisager une qualité et une espérance de vie exceptionnelles, uniques dans toute l'histoire de l'humanité. Comme nous l'avons décrit dans nos livres précédents, il est même possible de profiter au maximum de cette longévité en adoptant certaines habitudes de vie qui réduisent considérablement l'apparition de plusieurs maladies chroniques incapacitantes (cancer, maladies cardiovasculaires, diabète de type 2, Alzheimer). Une telle approche préventive,

combinée à l'énorme potentiel curatif de la médecine moderne, permet d'améliorer tant la qualité que l'espérance de vie et offre ainsi l'opportunité exceptionnelle de savourer chaque seconde de notre existence et de participer à l'évolution de la société dans laquelle nous vivons.

Les humains sont les seuls êtres vivants pour qui la vie ne se résume pas à l'accomplissement de fonctions de base destinées à la survie et la reproduction de l'espèce ; il va de soi que cet amour de la vie – de même que les idéaux de succès et de progrès que nous associons à l'existence – rend l'inéluctabilité de la mort extrêmement difficile à accepter. À une époque de surconsommation où la réussite est beaucoup plus associée à l'acquisition de biens matériels et de pouvoirs qu'à une véritable réflexion sur le caractère précaire de notre vie, la mort est l'événement tragique ultime que l'on préfère souvent tout simplement ignorer, fuir et même nier.

Pourquoi un livre sur la mort ? Les chercheurs en oncologie sont constamment confrontés à la mort. L'objectif de la recherche sur le cancer est de développer des traitements qui tuent sélectivement les cellules cancéreuses en épargnant les cellules saines. Pour comprendre la vie, il faut donc comprendre la mort et naviguer quotidiennement sur cette mince frontière qui les sépare. Ainsi, nos travaux de recherche en neuro-oncologie et en neurochirurgie nous ont conduits à la mise au point de médicaments destinés à traiter les tumeurs du cerveau, un des cancers les plus redoutables parce qu'il attaque l'intégrité même de ce qui nous identifie comme espèce et nous définit comme individu. Mais, plus important encore, la réflexion sur la mort s'est développée au contact privilégié de patients gravement malades que nous avons eu le privilège de côtoyer au fil des années. La profondeur de leur détresse ou la sérénité de leur attitude face à la mort ont toujours constitué une source extraordinaire de méditation sur le sens de la vie et sur sa fragilité. Ce livre est le résultat de la réflexion engendrée par nos travaux de recherche ainsi que par ces rencontres enrichissantes.

S'il est impossible de prévenir la mort, il est cependant possible d'en prévenir la peur en comprenant mieux la précarité des processus qui sont à l'œuvre dans le maintien de la vie. La science a de tout temps joué un rôle indispensable dans notre compréhension des phénomènes du monde qui nous entoure ; elle peut démystifier les mécanismes impliqués dans la mort et apporter un regard neuf sur ce qui demeure l'ultime tabou de notre société. Parler de la mort, c'est apprivoiser cette épreuve qui nous attend tous ; en étant conscient de son aspect inéluctable et en comprenant mieux ce qu'elle est, nous pouvons savourer davantage chaque moment de cette vie si précieuse. Mieux comprendre la mort pour mieux profiter de la vie, voilà donc l'objectif de cet ouvrage.

> Le Taj Mahal, construit par l'empereur Shâh Jahân en mémoire de son épouse Arjumand Bânu Begam, est sans aucun doute un des plus beaux mausolées du monde

Introduction

Le destin des hommes est de mourir...
Pourquoi m'attrister, alors que mon sort est normal
et que mon destin est celui de tous les hommes?

Lao Tseu, *Traité du vide parfait*, env. 400 ap. J.-C.

Dans un échange célèbre entre un maître zen et un de ses disciples, ce dernier demanda : « Maître, comment triompher de la mort ? » Le maître lui répondit aussitôt : « En apprenant à mieux vivre. » Perplexe, le disciple rétorqua : « Mais, maître, comment apprendre à mieux vivre ? » Ce à quoi le maître, énigmatique, répliqua : « Tout simplement en triomphant de la mort... »

Ce dialogue amusant résume bien le dilemme fondamental qui hante les humains depuis l'apparition de notre espèce sur la Terre : comment trouver un sens à la vie tout en sachant qu'elle se terminera inévitablement par la mort ? Principal moteur de la démarche philosophique et des grandes religions, cette question existentielle a monopolisé depuis des millénaires les plus grands esprits, et si les œuvres de Platon, de saint Augustin, de Dante, de Descartes, de Nietzsche, de Heidegger et de Sartre (pour n'en nommer que quelques-unes) ont traversé les siècles et influencé notre façon d'aborder la vie, c'est en grande partie parce que leurs réflexions sur la condition humaine face à la mort ont su trouver un écho dans nos propres interrogations sur la précarité de l'existence.

S'interroger sur la pertinence de notre passage sur la Terre est tout à fait normal, car, pour un animal rationnel comme l'être humain, cherchant constamment à saisir la signification des phénomènes naturels du monde qui l'entoure, naître pour mourir apparaît comme quelque chose de complètement incompréhensible, un processus futile et illogique qui, même en admettant qu'il soit tout à fait naturel, demeure fondamentalement perturbant et angoissant. On dit souvent que la mort représente le seul dénominateur commun à l'existence de tous les hommes, la « grande faucheuse » qui frappe indistinctement le plus riche comme le plus pauvre, le génie comme l'idiot, la star internationale comme la personne la plus commune. Aussi réelle soit-elle, cette égalité devant la mort apparaît cependant comme une bien mince consolation pour la perte de notre vie et celle des êtres chers qui nous entourent ! Et même si la mort est un phénomène d'une troublante banalité lorsqu'on la considère à l'échelle de l'espèce humaine, avec environ 100 *milliards* d'humains morts depuis l'apparition de *Homo sapiens* sur la Terre il y a 200 000 ans, chacune de ces morts, aussi anonyme soit-elle, apparaît comme un événement tragique parce qu'elle a mis un terme à une vie unique, aussi précieuse aux yeux de ces personnes disparues et de leurs proches que peut l'être la nôtre actuellement. La mort peut bien être commune et « dans l'ordre des choses », elle n'en demeure pas moins la plus grande épreuve à laquelle chacun de nous doit faire face individuellement, conclusion fixée à l'avance d'une pièce de théâtre dont le scénario s'écrit chaque jour et dont nous cherchons sans cesse à mettre en

scène de façon cohérente les événements successifs. Avant que le dernier acte ne s'achève et que le rideau ne soit définitivement tombé, nous aimerions bien comprendre les raisons de cette conclusion, donner une signification à la fin brutale de cette si belle histoire. Pour donner un sens à la vie, il est souvent important de découvrir un sens à la mort.

Même si l'histoire de l'humanité est jalonnée d'étapes qui ont toutes contribué à l'évolution de notre espèce (découverte des outils, maîtrise du feu, élaboration du langage), on s'accorde généralement pour dire que l'apparition des premiers rites funèbres représente le meilleur indicateur de l'émergence de l'homme moderne (*Homo sapiens*). Non seulement ces rites, déjà évidents dans les sépultures des hommes des cavernes (environ 100 000 ans), témoignent du désarroi provoqué par la mort, mais ils constituent également les premiers indices d'une tentative d'en expliquer la signification. En ce sens, il est remarquable que, dès le début, nombre de ces sépultures contiennent des éléments destinés à permettre la renaissance du mort : disposition du corps en position fœtale pour reproduire la fécondité de la matrice, coloration de la dépouille à l'aide d'ocre rouge, probablement comme symbole du sang vital, présence d'objets usuels (poteries, armes) pour lui assurer le succès dans sa nouvelle vie. À la question « Comment triompher de la mort ? », le premier réflexe des humains semble donc être l'espoir que la vie humaine ne se limite pas à une brève présence sur la Terre, espoir qui s'est exprimé tout au long de l'histoire par l'élaboration de rituels et de symboliques religieuses de plus en plus complexes. Et même si ces religions se sont considérablement modifiées au fil du temps, elles cherchent à répondre à l'angoisse de la mort en véhiculant fondamentalement le même message : la vie terrestre n'est qu'une étape, la portion visible d'un processus beaucoup plus long qui implique une renaissance à la suite de la mort.

Nous sommes néanmoins toujours pris au dépourvu par la mort de nos proches, quelles qu'en soient les circonstances. Le décès d'une personne âgée, parents, grands-parents, tantes, oncles ou autres personnages clés de notre enfance, représente un événement d'une immense tristesse, même si ces personnes ont pu profiter d'une longue vie et que nous sommes forcés d'admettre que leur mort est dans l'ordre des choses ; la disparition de nos amis, époux ou collègues encore dans la force de l'âge est un choc difficile à accepter, une épreuve que l'on subit avec un sentiment de révolte envers l'injustice de la vie ; enfin, la pire de toutes, la mort d'un enfant auquel tout est promis est un événement contre nature impossible à comprendre et à accepter, laissant une plaie ouverte qui ne peut jamais véritablement guérir. Si « le soleil ni la mort ne se peuvent regarder fixement », comme le disait La Rochefoucauld au XVIIe siècle, c'est justement parce que nous sommes conscients qu'elle représente une menace constante, un événement terrible et cruel qui nous prive à

∧ Baldung Grien, *Les Trois Âges de l'homme et la Mort*

jamais de la présence des personnes qui nous sont chères.

Mais si pleurer et chérir le souvenir de nos morts représente sans doute l'expression la plus noble de notre humanité, l'angoisse que suscite notre propre mort est quant à elle un véritable fardeau qui peut empoisonner l'existence. En réalité, une grande partie de la crainte qu'inspire la mort provient de la peur de notre propre mort et, que nous croyions ou non en une existence *post-mortem*, la mort demeure trop souvent un sujet tabou que l'on préfère éviter ou du moins que l'on aborde avec beaucoup de réticence, un peu comme si, comme l'a dit Freud, nous refusions inconsciemment l'idée de notre propre mort. Selon nous, ce malaise est en bonne partie dû à une incompréhension de ce qu'est la mort : pourquoi mourrons-nous ? Que se passe-t-il lorsque notre dernière heure survient ? Paradoxalement, même si toutes les religions et tous les mouvements philosophiques apportent une réflexion en profondeur sur les aspects psychologiques, sociaux et métaphysiques de la mort, la plupart d'entre nous ne savent pas grand-chose sur le processus même de la vie et sur les événements qui provoquent la mort. Nous saisissons mal à quel point une vie humaine constitue une expérience aussi incroyable qu'improbable, un événement absolument stupéfiant qui tire son origine d'une toute petite cellule primitive apparue il y a plus de 3 milliards d'années. Par ailleurs, nous ignorons que la mort, loin d'être une conclusion mauvaise ou injuste de l'existence, a joué un rôle essentiel dans l'évolution qui a mené à l'apparition de notre espèce sur la Terre. Cette situation est regrettable car, aussi paradoxal que cela puisse paraître, comprendre la mort permet de mieux comprendre la vie et d'apprécier pleinement le bref moment d'éternité que nous avons l'immense privilège de vivre, aussi fragile et éphémère soit-il.

C'est dans cet esprit que nous avons conçu le projet d'exposer les grandes lignes de ce qu'est la vie et d'illustrer, à l'aide d'exemples concrets, les multiples façons dont nous pouvons mourir. Pourquoi le cancer est-il une maladie aussi mortelle ? Comment certains virus ou bactéries pesant moins d'un milliardième de gramme peuvent-ils tuer un humain en quelques jours, voire en quelques heures à peine ? Pourquoi certaines blessures entraînent-elles la mort alors que d'autres, en apparence aussi graves, ne causent que des dommages superficiels ? Comment meurt-on empoisonné ? Et même si nous parvenons à éviter toutes ces épreuves, pourquoi vieillissons-nous pour ultimement mourir ? Nous espérons réussir à vous communiquer notre conviction que la compréhension des processus qui mènent à la mort permet de mieux apprécier les limites nécessairement associées à la vie et de comprendre à quel point la mort représente la seule conclusion logique de l'existence. Apprivoiser la mort n'est-elle pas la meilleure façon de parvenir à profiter au maximum de la vie ?

Chapitre 1

La mort dans l'âme

La profonde douleur que nous fait éprouver la mort d'un ami provient du sentiment qu'en chaque individu il y a quelque chose d'indéfinissable, de propre à lui seul et, par conséquent, d'absolument irréparable.

Arthur Schopenhauer (1788-1860)

Certaines personnes ont une peur bleue de la mort et préfèrent éviter d'en parler ou même d'y penser ; pour d'autres, ce n'est pas tant la fin de l'existence qui est source d'inquiétude, mais plutôt le passage vers cette mort, en particulier la souffrance physique et psychologique qui risque de précéder le dernier souffle. La mort est un sujet grave qui ne laisse personne indifférent et, quelle que soit notre attitude face à la fin de notre existence, il faut bien admettre que la perspective de mourir n'a rien de réjouissant et nous laisse toujours quelque peu démunis.

Même si l'angoisse associée à la mort est inévitable pour toute personne qui aime la vie, il est possible d'atténuer ces craintes et de trouver une certaine forme de réconfort dans la compréhension des événements qui se produisent au cours des derniers instants de notre vie. Une des plus grandes qualités de l'être humain est l'insatiable besoin de comprendre les phénomènes du monde qui l'entoure. Cette curiosité innée a servi de moteur à la fabuleuse accumulation des connaissances qui ont complètement redéfini la place que nous occupons sur la planète et modelé le monde dans lequel nous vivons aujourd'hui. Du point de vue scientifique, l'importance de ces connaissances est bien illustrée par les multiples avancées technologiques qui font maintenant partie de notre quotidien, ainsi que par l'augmentation extraordinaire de notre longévité, conséquence directe des multiples progrès réalisés par la médecine moderne. Cependant, l'utilité des sciences ne se limite pas à la découverte de nouveaux procédés technologiques ou de remèdes révolutionnaires ; elles doivent également participer à l'évolution de notre pensée et de notre perception du monde, par exemple en nous aidant à mieux comprendre les facteurs responsables de notre présence sur la Terre et de notre mort. La mort n'est pas aussi mystérieuse qu'on le croit très souvent; il s'agit au contraire d'un événement parfaitement normal, fascinant même, qu'il faut absolument mieux connaître pour élargir nos horizons et aborder la vie sous un angle nouveau.

Le dernier souffle

On peut diviser l'ensemble des causes de mortalité en seulement quatre grandes catégories : (1) les décès causés par différentes maladies (cancer, maladies cardiovasculaires, diabète, maladies génétiques, entre autres), (2) ceux qui découlent d'infections par différents virus, bactéries et protozoaires (influenza, tuberculose, malaria, sida), (3) ceux qui sont provoqués par les actes graves (trauma, meurtres par balle ou arme blanche) et enfin (4) ceux qui résultent de l'attaque de différents poisons sur l'organisme (Figure 1).

Ces événements ont évidemment des effets complètement différents sur le corps humain. Ainsi, comme nous le verrons plus en détail dans les chapitres suivants, la mort causée par un virus et celle qui découle d'un grave accident de voiture ou encore d'un cancer foudroyant impliquent des mécanismes tout à fait distincts. Néanmoins, en dépit de ces différences, toutes ces causes de mortalité provoquent ultimement l'arrêt des

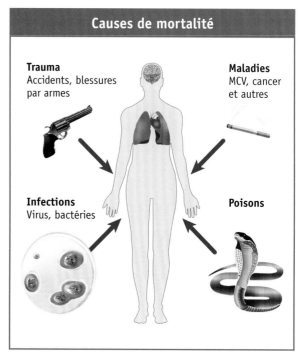

Causes de mortalité

Trauma
Accidents, blessures par armes

Maladies
MCV, cancer et autres

Infections
Virus, bactéries

Poisons

Figure 1

fonctions vitales de la même façon, c'est-à-dire en bloquant d'une manière ou d'une autre l'apport d'oxygène aux divers organes du corps humain. Donc, même si chaque vie est unique et que les circonstances entourant sa conclusion le sont tout autant, la mort demeure un phénomène relativement simple sur le plan biologique : qu'elle soit causée par une maladie, une infection, un trauma ou un poison, elle est toujours une conséquence de l'arrêt physiologique des fonctions vitales de l'organisme causé par un manque d'oxygène.

Cœur ou cerveau ?

Pendant des millénaires, l'arrêt des battements du cœur et de la respiration a été considéré comme le signe le plus fiable de la mort d'une personne. Par exemple, pour les médecins de guerre, une façon rapide et simple de déterminer si un soldat était décédé consistait tout simplement à vérifier la présence ou l'absence de buée sur un miroir placé devant sa bouche.

Encore aujourd'hui, la mort est un état parfois extrêmement difficile à définir du point de vue médical. Ainsi, les fonctions du cœur et du cerveau sont tellement liées qu'il est souvent ardu de déterminer lequel des deux est le premier responsable de la mort. Alors que le cœur envoie au cerveau le sang chargé d'oxygène et de nutriments destiné à assurer le fonctionnement des neurones, certaines régions du cerveau émettent des signaux nerveux autonomes absolument essentiels à la contraction du muscle cardiaque.

En raison de la mise au point de plusieurs techniques de réanimation, en particulier le respirateur artificiel au cours des années 1950, il peut être encore plus difficile d'établir la frontière entre la vie et la mort. En maintenant le fonctionnement du cœur et des poumons de personnes plongées dans le coma, ces méthodes de réanimation ont bousculé la définition classique de la mort. En effet, même si le cœur bat encore, elles peuvent provoquer un état de « coma dépassé » dans lequel le cerveau a complètement cessé de fonctionner et où les autres fonctions vitales ne sont

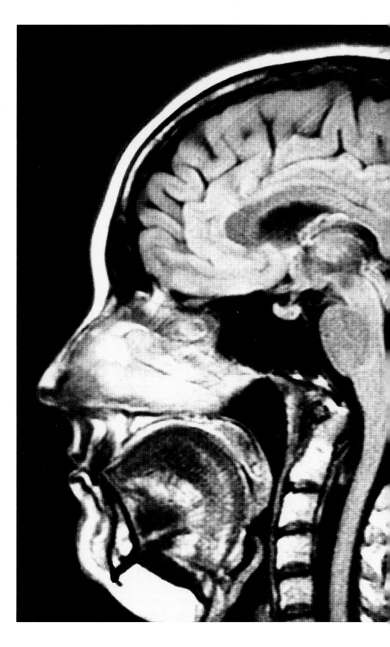

^ Radiographie d'un crâne humain

maintenues que par ces moyens artificiels. Cette situation peut être d'autant plus complexe que certains patients sont plongés dans un coma profond, mais peuvent néanmoins survivre sans assistance mécanique parce que les centres moteurs du cerveau qui contrôlent le cœur et les poumons sont demeurés intacts. Par exemple, l'ancien premier ministre d'Israël, Ariel Sharon, est toujours, au moment où nous écrivons ces lignes, dans un coma profond plus de quatre ans après l'accident vasculaire cérébral qui l'a terrassé en 2006. Nourri à l'aide d'un tube et déplacé régulièrement pour éviter les plaies de lit, il n'émergera jamais de ce coma, puisque son cerveau s'est considérablement atrophié, ne conservant que la propriété de faire fonctionner les organes vitaux.

Ces personnes sont-elles mortes ? Il s'agit d'une question difficile dont la réponse dépend forcément de la conception de la vie. Pour certains groupes de personnes, souvent religieuses, toute forme de vie doit être protégée, qu'elle soit embryonnaire ou végétative. Ainsi, dans le cas de M. Sharon, la poursuite des soins est requise par la religion juive car, selon la Torah, il est interdit de provoquer la mort en raison du principe absolu du caractère sacré de la vie humaine. Dans les sociétés à majorité laïque, même si cette question suscite parfois des débats enflammés, la majorité des gens considèrent que la vie ne peut se résumer au maintien des fonctions physiologiques de base par des moyens artificiels. La mort n'est pas seulement celle du corps; c'est d'abord et avant tout

Directives de référence pour le diagnostic de mort cérébrale

- Démonstration du coma
- Cause évidente de coma
- Absence de facteurs de confusion, incluant l'hypothermie, les médicaments, les désordres endocriniens ou électrolytiques
- Absence de réflexes du tronc cérébral
- Absence de réponse motrice
- Apnée
- Évaluation répétée toutes les 6 heures
- Tests de confirmation requis quand des éléments de l'évaluation clinique ne peuvent être mesurés de façon fiable
- Diagnostic effectué par deux médecins différents

Figure 2

Source : Laureys *et al. Neurology* 2008 ; 70 : e 14-15

la mort de la *personne*, celle d'un être humain doté de facultés cérébrales inégalées dans tout le monde vivant et qui lui permettent de réfléchir, d'interagir avec ses semblables et d'exprimer ses émotions. Selon cette perception, si notre vie est distincte de celle des autres animaux, notre mort l'est tout autant, et même si le cœur, les poumons et l'ensemble de nos organes sont essentiels à la vie, c'est la mort du cerveau qui marque la frontière entre la vie et la mort. Cette mort cérébrale se doit, bien sûr, d'être strictement définie du point de vue médical et légal. À l'heure actuelle, une personne est déclarée « cérébralement morte » si et seulement si son état neurologique correspond aux critères proposés par un groupe de médecins et de bioéthiciens de l'Université Harvard en 1968, soit entre autres l'absence de conscience (coma), l'absence de réflexes associés au tronc cérébral (pas de réponse à la douleur, disparition de réflexes pupillaires, disparition du réflexe de haut-le-cœur, de toux) et l'apnée (incapacité de respirer) (Figure 2). Ce diagnostic extrêmement rigoureux est considéré comme valable uniquement si la personne ne présente aucune forme d'intoxication, d'hypothermie ou autres désordres médicaux (comme certaines maladies thyroïdiennes graves), car les fonctions physiologiques sont alors ralenties à l'extrême et peuvent être confondues avec la mort cérébrale. Cependant, lorsque tous ces critères sont présents et qu'il n'y a aucun doute que la personne ne pourra jamais plus retrouver l'usage du cerveau, le consensus est de constater le décès.

Bricolage évolutif

La reconnaissance de la mort cérébrale comme critère ultime de la mort est tout à fait justifiée, car le cerveau, essentiel à la vie, agit comme un véritable poste de commandement, formé de centaines de milliards de neurones répartis en zones distinctes qui, collectivement, coordonnent autant le maintien des fonctions vitales de base (respiration, battements du cœur, digestion, pulsions sexuelles) que notre façon d'interagir avec notre environnement (Figure 3).

Ce chef-d'œuvre d'organisation n'est évidemment pas apparu du jour au lendemain. Il s'agit en fait du résultat d'une longue évolution au cours de laquelle des structures plus complexes se sont progressivement greffées à un cerveau « de base », dont la fonction est de coordonner les besoins fondamentaux. Souvent appelé « cerveau reptilien », ce système de contrôle de base correspond au tronc cérébral et au cervelet, et il assure les fonctions vitales de l'organisme en contrôlant, entre autres fonctions, la fréquence cardiaque, la respiration, la température du corps et l'équilibre. Contrairement à celui des reptiles, ce cerveau s'est vu ajouter une « annexe », il y a environ 150 millions d'années, alors qu'est apparu chez les petits mammifères un système limbique, un regroupement de structures incluant notamment l'hippocampe, l'hypothalamus et l'amygdale qui, collectivement, exercent une influence déterminante sur nos émotions et nos comportements. Mais c'est surtout avec l'apparition du cortex que le cerveau a acquis sa grande complexité, cette région permettant de générer des fonctions aussi avancées que la pensée, le langage, la conscience et l'imagination. Le développement du cerveau humain illustre donc admirablement le concept selon lequel « l'évolution procède comme un bricoleur qui, pendant des millions et des millions d'années, remanierait lentement son œuvre, la retouchant sans cesse, coupant ici, allongeant là, saisissant toutes les occasions d'ajuster, de transformer, de créer » (François Jacob, *Le Jeu des possibles*, 1981).

Pensées moléculaires

La capacité du cerveau à donner naissance à des phénomènes aussi abstraits que la pensée, les émotions et l'intelligence est due aux neurones, un type de cellule hyperspécialisée, caractérisée par la présence de multiples prolongements appelés « dendrites » (du grec « arbre ») et axones (Figure 4). Ces neurones sont des cellules excitables, c'est-à-dire qu'elles peuvent être activées par des variations de potentiels électriques et utiliser ces variations pour propager

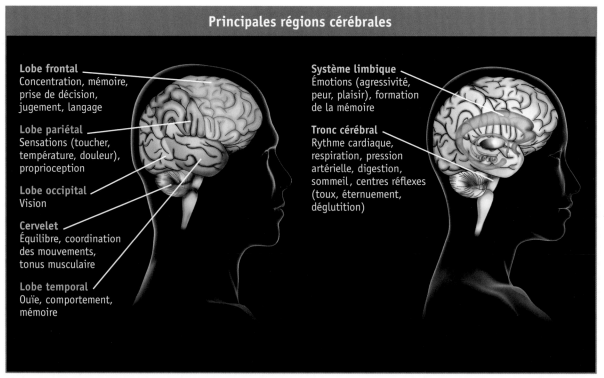

Principales régions cérébrales

Lobe frontal
Concentration, mémoire, prise de décision, jugement, langage

Lobe pariétal
Sensations (toucher, température, douleur), proprioception

Lobe occipital
Vision

Cervelet
Équilibre, coordination des mouvements, tonus musculaire

Lobe temporal
Ouïe, comportement, mémoire

Système limbique
Émotions (agressivité, peur, plaisir), formation de la mémoire

Tronc cérébral
Rythme cardiaque, respiration, pression artérielle, digestion, sommeil, centres réflexes (toux, éternuement, déglutition)

Figure 3

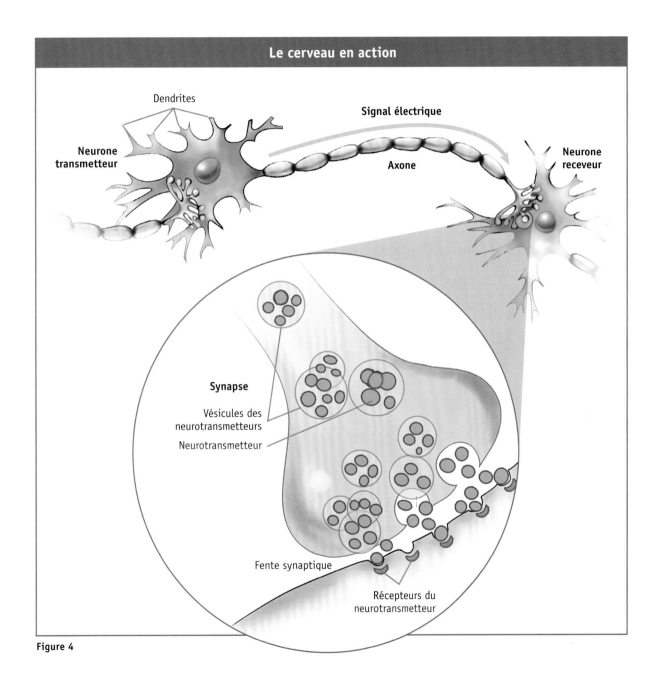

Le cerveau en action

Dendrites

Signal électrique

Neurone transmetteur

Axone

Neurone receveur

Synapse

Vésicules des neurotransmetteurs

Neurotransmetteur

Fente synaptique

Récepteurs du neurotransmetteur

Figure 4

l'information en se reliant à d'autres neurones à l'aide de connexions, nommées « synapses ». On estime qu'un seul neurone établit en moyenne 10 000 synapses via ses dendrites et son axone, de sorte qu'avec quelque 100 milliards de neurones, un cerveau humain contient environ 1 million de milliards (10^{15}) de ces connexions. Comme la pensée naît de ces connexions synaptiques, il est normal de réfléchir sur le sens de la vie !

La propagation d'un courant électrique le long d'un neurone est rendue possible par les différences énormes qui existent dans la composition des ions présents à l'intérieur du neurone et celle du milieu extérieur ; cette différence de charges crée un potentiel électrique de part et d'autre de la membrane. Le maintien de ce potentiel est extrêmement coûteux d'un point de vue énergétique : même s'il ne représente que 2 % de notre poids, le cerveau consomme à lui seul 20 % de notre énergie (essentiellement sous forme de sucre), dont 80 % sert exclusivement à maintenir ce potentiel électrique. Compte tenu des avantages que procure un gros cerveau, il faut bien admettre que cette dépense est tout à fait justifiée ! Cette énergie électrique peut d'ailleurs être enregistrée par l'électroencéphalogramme pour mesurer les états de conscience et d'activité du cerveau.

L'influx nerveux propagé par le neurone permet d'exciter un autre neurone au niveau de la synapse par l'intermédiaire de molécules appelées « neurotransmetteurs » (Figure 4). Lorsque le courant qui parcourt l'axone parvient à la jonction synaptique, il provoque la libération, dans la fente synaptique, de neurotransmetteurs se trouvant à l'extrémité de l'axone, ces molécules pouvant alors diffuser vers les dendrites du neurone situé à proximité (environ 40 nanomètres, soit quelques millionièmes de millimètres) où elles se lient à des récepteurs spécifiques. Quand la quantité de neurotransmetteurs fixés aux dendrites est suffisante (il faut parfois l'activation simultanée de 20 synapses pour établir une bonne connexion), le signal est transmis au neurone receveur et poursuit ainsi sa route.

< Le célèbre *Penseur* d'Auguste Rodin

> Représentation artistique d'un réseau de neurones

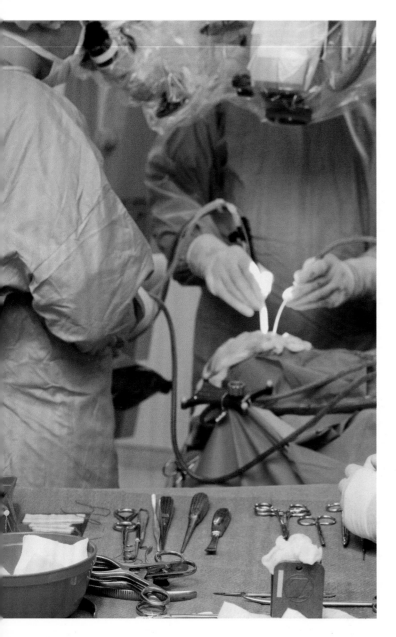

Les neurotransmetteurs qui n'ont pu atteindre les dendrites du neurone ou n'ont pu s'y lier sont quant à eux soit captés de nouveau par le neurone émetteur à l'aide de systèmes de transport spécifiques, soit détruits par des enzymes présentes dans l'espace synaptique, notamment les monoamines oxydases (MAO) et l'acétylcholinestérase. L'importance de ces enzymes est illustrée par la mort rapide qui survient à la suite de leur inhibition par certains poisons (voir chapitre 7).

Le résultat de la transmission de l'influx nerveux dépend de la nature du neurotransmetteur utilisé par les neurones pour communiquer entre eux. Parmi la soixantaine de molécules qui peuvent agir comme neurotransmetteurs, certaines se distinguent autant pour leur contribution au bon fonctionnement du cerveau que pour leur rôle comme cibles de drogues ou de médicaments (Figure 5).

La dopamine, par exemple, est un neurotransmetteur impliqué dans le contrôle des fonctions motrices (la dégénérescence d'un groupe de neurones produisant de la dopamine est responsable de la maladie de Parkinson, caractérisée par le dysfonctionnement de la motricité, comme des tremblements au repos et une rigidité musculaire), ainsi que dans les comportements « de récompense », c'est-à-dire qu'elle agit sur les centres du plaisir pour inciter la répétition d'activités qui provoquent des sensations agréables (nourriture, sexe, drogue). Les sensations d'euphorie et de joie qui sont associées à l'alcool, à la cocaïne, à la nicotine ou encore aux amphétamines sont

Les principaux neurotransmetteurs

LA DOPAMINE est une substance chimique qui régule la stimulation de plusieurs zones du cerveau et joue un rôle de premier plan dans la motivation. Lorsqu'il y a carence de dopamine, comme c'est le cas dans la maladie de Parkinson, un mauvais fonctionnement des neurones rend certains mouvements difficiles à exécuter. Inversement, l'excès de dopamine peut mener à des hallucinations et à un état psychotique. C'est ce mécanisme qui entre en jeu avec la cocaïne, qui accentue l'action de la dopamine en empêchant sa recapture. La nicotine favorise également l'action de la dopamine.

LA SÉROTONINE est un neurotransmetteur qui intervient par exemple dans l'humeur, l'anxiété, l'appétit, la libido, le sommeil, la douleur, la pression artérielle ou la régulation de la température. La baisse de sérotonine serait associée à certaines formes de dépression ; à haute concentration, elle rendrait les gens optimistes et sereins. Certains médicaments comme le Prozac™, le Paxil™ et le Luvox™ exercent une action antidépressive en empêchant la recapture de sérotonine par les neurones afférents.

L'ACÉTYLCHOLINE est le premier neurotransmetteur découvert. Elle joue un rôle primordial dans l'apprentissage, la mémoire et l'attention. Une carence en acétylcholine serait à l'œuvre dans la maladie d'Alzheimer.

L'ADRÉNALINE est bien connue comme stimulant. Elle entraîne une accélération du rythme cardiaque, une hausse de la pression artérielle, une dilatation des pupilles. À l'excès, elle rend les gens nerveux.

LE GLUTAMATE agit comme principal neurotransmetteur du cerveau. Il est en cause dans le tiers des transmissions synaptiques et joue un rôle dans les processus d'apprentissage et de mémorisation. Une carence en glutamate a donc des effets négatifs sur ces deux aspects.

L'ENDORPHINE a des propriétés antalgiques et entraîne une sensation de bien-être. En revanche, elle peut engendrer des dépendances (pensons aux drogues comme l'opium, la morphine ou l'héroïne). On a également noté que le sucre et les graisses induisent la libération de l'endorphine.

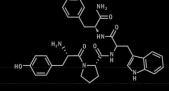

Figure 5

D'après www.linternaute.com/science/biologie/dossiers/06/0602-cerveau/7.shtml

toutes liées, d'une façon directe ou indirecte, à une augmentation de la dopamine dans la jonction synaptique.

Apparentée à la dopamine, la sérotonine, véritable « molécule du bonheur », joue un rôle central dans le contrôle de l'humeur. Cependant, une suractivation des neurones peut entraîner des hallucinations, propriété exploitée depuis longtemps par les chamans mexicains ; l'ingestion de champignons « magiques » contenant de la psilocybine provoque la formation dans l'organisme de psilocine, molécule qui se lie aux récepteurs de la sérotonine et provoque une surstimulation des voies sérotoninergiques qui modifie considérablement la perception du monde. Les effets psychédéliques du LSD sont également causés par la liaison de cette molécule à ces récepteurs. À l'inverse, une carence en sérotonine est associée à une humeur maussade et à un risque accru de dépression. D'ailleurs, certains antidépresseurs comme le Prozac™ ou le Paxil™ ont un effet bénéfique parce qu'ils empêchent la recapture de sérotonine au niveau de la synapse ; l'augmentation subséquente de ce neurotransmetteur améliore l'efficacité de la transmission nerveuse des neurones sérotoninergiques.

En plus de permettre le contrôle de la pensée, des émotions et du comportement en général, les neurotransmetteurs sont également responsables de la perception de la douleur. D'un point de vue physiologique, la douleur est capitale pour empêcher l'exposition du corps à des situations qui pourraient l'endommager (une main sur le feu, par exemple), ainsi que pour conserver une mémoire de ces situations de façon à les éviter dans le futur. Les mécanismes impliqués dans la douleur sont extrêmement complexes, mais font souvent appel à des récepteurs sensoriels de la douleur (nocicepteurs) localisés à différents endroits de l'organisme. Ainsi, lorsque ces récepteurs sont activés par une chaleur trop élevée, une pression mécanique trop forte ou encore une substance chimique irritante, un neurone afférent est activé et transmet, via la moelle épinière, un signal au cerveau pour l'informer de la présence d'un danger pouvant menacer l'intégrité du corps. Lorsque cette menace nécessite une action immédiate, la présence de réflexes involontaires très rapides (arc réflexe) permet de répondre quasi instantanément au stimulus, avant même que le signal nerveux n'atteigne le cerveau (retirer la main du feu, par exemple). En parallèle, le cerveau sécrète des endorphines, des neurotransmetteurs qui stimulent les régions du cerveau impliquées dans l'analgésie et qui ont pour fonction d'apaiser la douleur provoquée par l'activation de ces neurones. L'effet antidouleur des opiacés comme la morphine et l'héroïne est d'ailleurs lié à l'activation de ces neurones analgésiques (voir chapitre 9).

Plusieurs mécanismes responsables de la douleur physique sont également à l'œuvre lorsqu'on subit des traumatismes de nature émotionnelle. C'est pourquoi la douleur provoquée par des émotions puissantes est ressentie physiquement, comme si le corps était directement touché par l'annonce d'un malheur. Ainsi, au cours d'expériences émotives particulièrement difficiles, une région du cerveau nommée « cortex cingulaire antérieur » augmente l'activité d'un nerf qui innerve la poitrine et l'abdomen (le nerf vague) ; la surstimulation de ce nerf cause alors la nausée et des inconforts à la poitrine et au ventre caractéristiques des émotions fortes. Comme quoi une situation pénible peut littéralement nous « briser le cœur » ou nous « rendre malade »...

Ce pouvoir de l'esprit sur la perception de la douleur peut également être illustré par notre attitude face à une situation douloureuse. Une bonne part de la douleur ressentie est subjective et exprime une perception individuelle, influencée également par l'environnement ou la tradition culturelle (Figure 6). Par exemple, une personne qui a peur des aiguilles ressentira un degré d'anxiété élevé avant une injection ; cette peur déclenchera une activité cérébrale qui mime la douleur. Ce signal amplifie la douleur physique associée à l'entrée de l'aiguille dans la peau. Cet effet, qu'on appelle « effet nocebo », est également responsable des douleurs physiques ressenties par les hypocondriaques : à force de se convaincre qu'ils sont affectés d'une maladie, ils finissent par ressentir une « vraie » douleur. À l'inverse, il est parfois possible d'atténuer la sensation de la douleur en minimisant son effet, en niant en quelque sorte qu'un événement donné puisse nous faire mal. On parle alors d'« effet placebo », phénomène au cours duquel le cerveau met en marche certains processus qui vont permettre d'enrayer partiellement la douleur ou du moins d'en détourner l'attention. L'effet placebo explique pourquoi on se sent mieux lorsqu'on apprend que les douleurs ressenties à la poitrine ne sont pas causées par un infarctus mais par de simples désordres gastriques. L'effet placebo est important dans les études cliniques où un médicament est testé, car il peut représenter une proportion significative de la réponse thérapeutique dans les groupes contrôles (jusqu'au tiers des patients), pour lesquels le médicament est remplacé par un ingrédient non actif. Les fakirs indiens constituent un cas extrême du pouvoir de l'effet placebo. Ils ont développé une grande aptitude à bloquer la perception de la douleur, de sorte qu'ils peuvent s'infliger des douleurs intenses en les maîtrisant par une préparation mentale et physique.

La perception de la douleur

L'effet nocebo et l'effet placebo

L'autosuggestion négative entraîne des effets négatifs, ce qu'on appelle l'effet « nocebo ». Un effet nocebo apparaît lorsque à la douleur effective on associe des pensées, des croyances ou des attentes négatives qui en aggravent les symptômes.

L'effet placebo est exactement l'inverse : l'autosuggestion positive permet d'atténuer la douleur effective.

Les deux effets, placebo et nocebo, montrent donc l'influence de la subjectivité sur l'expérience. On peut aider à sa guérison et atténuer ses malaises, comme on peut nuire à sa guérison et intensifier ses malaises.

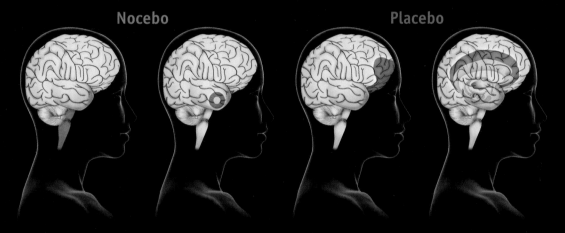

Nocebo

Les signaux de douleur parviennent au cerveau par la moelle épinière et conduisent à une augmentation de l'anxiété.

Les signaux d'anxiété provenant de l'amygdale entraînent une activité neuronale qui amplifie l'expérience de la douleur ressentie.

Placebo

Les signaux provenant du cortex préfrontal peuvent interférer avec les signaux de douleur, consciemment ou non.

Lorsqu'on détourne son attention de la douleur, le cortex cingulaire antérieur entre en jeu, et l'activité cérébrale associée à la douleur diminue.

Figure 6

< Un fakir indien se repose sur un lit clouté

Une âme cérébrale

D'innombrables travaux issus de la recherche de pointe en neurochirurgie et en neurologie précisent que les mécanismes jouant un rôle dans la transmission de l'influx nerveux au niveau cérébral sont responsables de l'état de conscience qui nous définit en tant qu'individu. C'est l'activité cérébrale qui permet la formation de la pensée, en raison de l'incroyable complexité et de la diversité des connexions synaptiques entre les neurones. Elle permet le raisonnement logique, les émotions et l'expression des multiples activités humaines, signatures de la prodigieuse capacité de notre cortex cérébral, coordonnateur de toutes ces propriétés. À l'opposé, des traumatismes crâniens ou encore des désordres métaboliques importants issus de pathologies diverses (endocrinienne, vasculaire, hémostatique) vont entraîner une perte de conscience associée à un état comateux. Cet état de coma présente une gravité qui peut varier considérablement selon les dommages subis par le tissu cérébral (voir encadré p. 35).

Le coma associé à ces traumatismes est provoqué par une défaillance des connexions entre les différents réseaux cérébraux impliqués dans l'état de conscience. Grâce au développement des neurosciences, notamment les techniques d'imagerie médicale comme la tomographie à émission de positons (voir encadré p. 39), on sait que l'état d'éveil fait principalement appel à deux régions du cortex cérébral, soit les régions temporo-pariétale et préfrontale, ainsi qu'au thalamus, véritable relais qui sert à transmettre et à filtrer les informations sensorielles vers le cortex (Figure 8). En état d'éveil, le précuneus et le cortex cingulaire postérieur de la région temporo-pariétale sont particulièrement actifs; cette activité diminue considérablement lors d'une anesthésie générale ou encore chez les personnes dans un état végétatif. Certains agents anesthésiants désactivent les neurones présents dans le système d'activation réticulaire, une zone du tronc cérébral impliquée dans la vigilance et la conscience, provoquant ainsi un sommeil et un coma. La perte de conscience n'est donc pas provoquée par la coupure d'un « interrupteur » central qui contrôlerait l'ensemble des fonctions cérébrales; il s'agit plutôt d'une déconnexion de zones du cerveau bien précises, dont l'étroite collaboration à l'aide de neurotransmetteurs est absolument essentielle au maintien d'un état éveillé et conscient.

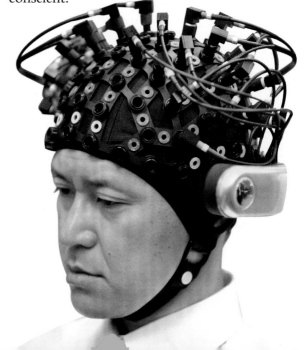

Échelle de coma Glasgow

Faculté observée	Réponse	Points
Ouverture des yeux	■ Spontanée; ouverture avec clignement au départ	4
	■ En réponse à une demande (langage ou cri)	3
	■ En réponse à une douleur appliquée aux membres ou au sternum	2
	■ Nulle	1
Réponse verbale	■ Normale	5
	■ Conversation confuse mais aptitude à répondre aux questions	4
	■ Inappropriée mais mots intelligibles	3
	■ Incompréhensible	2
	■ Nulle	1
Réponse motrice	■ Spontanée en réponse à une directive	6
	■ Évitement au toucher	5
	■ Évitement à la douleur	4
	■ Flexion anormale en réponse à la douleur (rigidité de décortication)	3
	■ Extension anormale en réponse à la douleur (rigidité décérébrée)	2
	■ Nulle	1

*Les scores combinés de < 8 correspondent généralement à un état comateux.

Adapté de Teasdale G, Jennett B., « Assessment of coma and impaired consciousness. A practical scale, » *Lancet* 2:81–84; 1974.

Figure 7   Source: www.merck.com/mmpe/sec16/ch212/ch212a.html/

Pertes de conscience

Le coma, qui signifie « sommeil profond » en grec ancien, est un état complexe caractérisé par l'absence de réponses verbale, motrice ou oculaire à la suite d'un stimulus. La gravité du traumatisme crânien et du coma peut être déterminée à l'aide de l'échelle de Glasgow, un outil mis au point en 1974 pour évaluer les chances de récupération des patients. Cette échelle est fondée sur une évaluation en 15 points des fonctions motrices, verbales et oculaires (Figure 7).

La somme des points obtenus dans chacune des catégories permet d'estimer l'étendue des dommages au cerveau. Un score de 13-15 est généralement associé à un traumatisme mineur alors qu'un score de 8 ou de moins appartient typiquement à une personne comateuse.

État végétatif. Dans les cas les plus graves qui impliquent des lésions importantes au cerveau (score de Glasgow de 3), la personne atteinte est dite dans un état « végétatif », à savoir qu'elle ne manifeste aucune fonction cérébrale supérieure et a perdu toute capacité à répondre aux stimuli extérieurs ou à communiquer avec son entourage. Les fonctions de base telles que la respiration, les battements du cœur, le cycle éveil-sommeil et certains réflexes sont cependant conservés si le diencéphale (thalamus, hypothalamus) et le tronc cérébral sont intacts. Dans de telles circonstances, les patients présentent certains réflexes complexes coordonnés

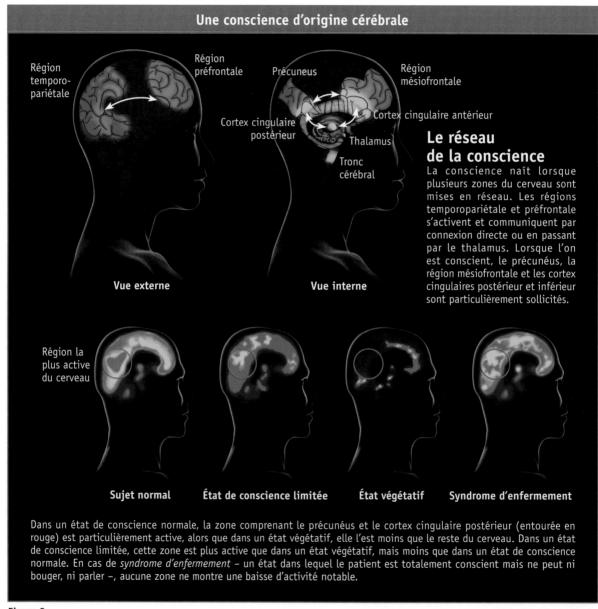

Une conscience d'origine cérébrale

Région temporo-pariétale
Région préfrontale
Précuneus
Région mésiofrontale
Cortex cingulaire postérieur
Cortex cingulaire antérieur
Thalamus
Tronc cérébral

Vue externe

Vue interne

Le réseau de la conscience

La conscience naît lorsque plusieurs zones du cerveau sont mises en réseau. Les régions temporopariétale et préfrontale s'activent et communiquent par connexion directe ou en passant par le thalamus. Lorsque l'on est conscient, le précunéus, la région mésiofrontale et les cortex cingulaires postérieur et inférieur sont particulièrement sollicités.

Région la plus active du cerveau

Sujet normal   **État de conscience limitée**   **État végétatif**   **Syndrome d'enfermement**

Dans un état de conscience normale, la zone comprenant le précunéus et le cortex cingulaire postérieur (entourée en rouge) est particulièrement active, alors que dans un état végétatif, elle l'est moins que le reste du cerveau. Dans un état de conscience limitée, cette zone est plus active que dans un état végétatif, mais moins que dans un état de conscience normale. En cas de *syndrome d'enfermement* – un état dans lequel le patient est totalement conscient mais ne peut ni bouger, ni parler –, aucune zone ne montre une baisse d'activité notable.

Figure 8

D'après *La Recherche*, mars 2010

par ces structures : bâillements, mâchonnements et même parfois émission de sons gutturaux, mouvements des yeux (pupilles réactives, réflexe oculocéphalique) ou des membres (il s'agit d'un réflexe moteur qui consiste à serrer un objet à son contact avec la main). Un arrêt prolongé de la circulation cérébrale causé par les accidents vasculaires cérébraux ou les traumatismes crâniens est souvent la principale cause d'un état végétatif. Si cet état perdure plus d'un mois, on considère que le patient est dans un état végétatif permanent et que ses possibilités de guérison s'amenuisent considérablement. Le syndrome d'enfermement, quant à lui, est un état neurologique dans lequel le patient est éveillé et conscient, avec une perception sensorielle adéquate, mais une incapacité de parler et de bouger. Il est généralement la conséquence d'un AVC.

Mort cérébrale. Aussi appelée « coma dépassé », la mort cérébrale résulte de la perte complète des fonctions du cerveau, incluant celles que contrôle le tronc cérébral. Le patient ne peut respirer par lui-même et ne subsiste que par la présence de dispositifs médicaux permettant de soutenir les fonctions cardiaques et pulmonaires de base. Cette perte des fonctions cérébrales de base est analysée par l'absence complète des réflexes du tronc cérébral (pas de contraction des pupilles à la lumière, pas de réaction à la douleur, pas de réflexe de toux ni de haut-le-cœur après l'introduction d'un cathéter dans la trachée). Selon les pratiques cliniques de divers pays, l'absence de circulation du sang au cerveau est visualisée par angiographie cérébrale ou par scintigraphie, tandis que l'absence d'activité cérébrale peut être évaluée par l'obtention d'un tracé plat à la suite d'un EEG. Dans de telles conditions d'inactivité cérébrale, le retour à la vie est tout à fait impossible ; pour cette raison, on considère dans la plupart des régions du monde qu'un diagnostic de mort cérébrale signifie le décès de la personne, et les lois autorisent l'arrêt des traitements de façon à mettre un terme au maintien artificiel de la vie.

Le don d'organes

La mort cérébrale, qui signifie le décès, se produit en dépit du fait que les organes vitaux comme le cœur et les poumons sont encore intacts et en bon état de fonctionnement. Si la personne décédée a exprimé l'intention de faire don de ses organes après sa mort, il est possible de les prélever et de les transplanter, puisqu'ils sont encore bien irrigués en sang et en oxygène. Les progrès extraordinaires réalisés au cours des dernières décennies dans le domaine de la transplantation d'organes (rein, cœur, poumon, foie, pancréas, intestin) ou de tissus (cornée, peau, valve cardiaque, entre autres) sur le plan chirurgical comme sur celui du contrôle des mécanismes d'immunosuppression essentielle à la survie du greffon, permettent de sauver la vie de bien des personnes en attente de greffe. En comprenant mieux les concepts associés à la mort cérébrale, nous pouvons, par notre générosité et au-delà de notre propre décès, prolonger la vie d'autres personnes. Même morts, nous continuons d'exprimer une des plus belles particularités de notre espèce : la compassion, issue de la solidarité entre les individus qui la composent.

Épilepsie : une suractivation des neurones

État normal   Crise d'épilepsie

Degré de complexité

L'état de conscience exige des neurones une activité assez complexe, mais pas trop. Si, comme dans une crise d'épilepsie, tous les neurones se déchargent en même temps, il n'y a pas d'état de conscience.

Figure 9

Par contre, l'intensité du signal généré par ces réseaux de communication se doit d'être finement réglée : au cours de crises d'épilepsie, par exemple, l'activation des neurones est beaucoup trop intense et provoque plutôt une perte de la conscience (Figure 9).

Humeurs moléculaires

Plusieurs observations additionnelles indiquent que les mécanismes responsables de la transmission de l'influx nerveux dans certaines régions bien précises du cerveau sont responsables du contrôle de la personnalité.

Traumatismes cérébraux. Certains traumatismes crâniens peuvent causer des perturbations importantes du comportement. Le cas le plus célèbre qui a permis d'établir le lien entre le cerveau et le comportement est sans doute celui de Phineas Gage, un contremaître de 25 ans qui travaillait en 1848 à la construction d'une voie de chemin de fer (la Rutland Railway) près du village de Cavendish, au Vermont. Alors qu'il utilisait une barre de métal pour bourrer d'explosifs un trou percé dans le roc, une explosion inattendue se produisit, propulsant la barre de 6 kg (d'une longueur de 90 cm et d'un diamètre de 3 cm) à travers sa joue gauche et sa tête, détruisant sur son passage le lobe frontal gauche du cerveau avant d'atterrir 25 m plus loin (Figure 10). Aussi incroyable que cela puisse paraître, Gage reprit conscience quelques instants plus tard. Il avait perdu l'usage de son œil gauche,

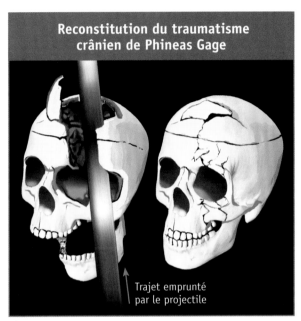

Reconstitution du traumatisme crânien de Phineas Gage

Trajet emprunté par le projectile

Figure 10   Source : *NEJM* 2004 ; 351 :e21

TEP et IRM

La visualisation de l'activité cérébrale se réalise par tomographie à émission de positons (TEP). En utilisant un traceur, de l'eau marquée à l'oxygène-15, il est possible de mesurer le débit sanguin qui reflète l'activité métabolique dans une région donnée du cerveau. Ce marqueur est un émetteur de positons qui produisent des photons, détectés par une caméra. Cette méthode d'analyse très rapide peut être répétée à de courts intervalles, permettant de dégager une imagerie dynamique du fonctionnement cérébral, ou de sa perturbation. Une autre méthode d'imagerie, par résonance magnétique (IRM), génère des images anatomiques très précises. La combinaison de ces deux outils permet de localiser précisément une région anatomique du cerveau associée à une activité mentale spécifique ou à l'arrêt de son fonctionnement.

mais ne semblait souffrir d'aucun traumatisme physique grave. Par contre, alors qu'il était un employé modèle et unanimement apprécié de ses collègues avant l'accident, son humeur et sa personnalité changèrent de façon spectaculaire à la suite de ce traumatisme : il devint grossier, capricieux et incapable d'avoir des relations normales avec les gens qui l'entouraient. Celui qui « n'était plus Gage » selon ses amis mourut douze ans plus tard d'une crise d'épilepsie. De multiples études en traumatologie et en chirurgie expérimentale ont démontré, depuis, l'impact d'un traumatisme physique sur des régions spécifiques du cerveau en relation avec le comportement.

Expériences de mort imminente. De nombreuses personnes émergeant d'un coma ont rapporté avoir vécu une série d'expériences suggérant qu'elles étaient sur le point de mourir, notamment la sensation de flotter hors de leur corps, un sentiment intense de bien-être et l'impression d'entrer dans un tunnel lumineux au bout duquel brillait une lumière. De telles expériences extracorporelles ou de mort imminente (EMI) ont été décrites depuis des temps immémoriaux et ont toujours exercé une grande fascination sur les êtres humains, influant sur leur façon de percevoir l'esprit et le corps, quelles que soient leurs cultures ou leurs croyances religieuses. D'un point de vue scientifique, ces expériences de sortie du corps sont définies par trois principales caractéristiques, soit la sensation de se trouver à l'extérieur de son propre corps, l'impression de voir tout ce qui nous entoure selon une perspective aérienne (perspective extracorporelle égocentrique), ainsi que l'impression de voir son propre corps à partir de cette perspective (autoscopie) (Figure 11).

Les personnes qui ont rapporté ces événements n'étaient évidemment pas décédées et leur cortex cérébral fonctionnait encore. Or, de nombreuses études neurologiques indiquent que ces expériences extracorporelles seraient liées à un défaut d'intégration des informations sensorielles au niveau du carrefour temporo-pariétal, une région du cerveau cruciale pour la représentation et la conscience de soi. Ainsi, la stimulation électrique des zones du lobe temporal de patients épileptiques s'est avérée suffisante pour induire des hallucinations et des sensations de déplacement du corps. Même si l'on ne sait pas encore précisément comment fonctionnent les mécanismes moléculaires responsables de cette perte d'intégration de l'information, il est néanmoins intéressant de constater que certaines dro-

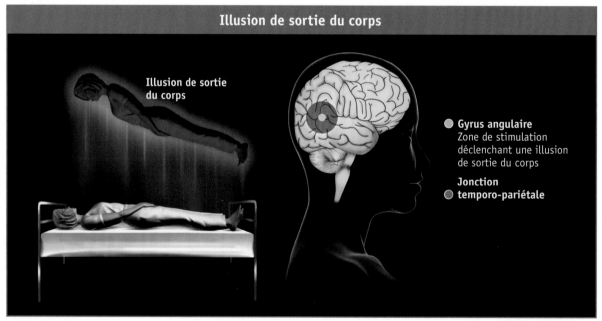

Illusion de sortie du corps

Illusion de sortie du corps

● **Gyrus angulaire**
Zone de stimulation déclenchant une illusion de sortie du corps

● **Jonction temporo-pariétale**

Figure 11

D'après *La Recherche*, mars 2010

gues comme la kétamine et l'ibogaïne (molécule active de l'iboga, une plante fortement hallucinogène) parviennent à recréer plusieurs sensations caractéristiques de la sortie du corps. Puisque la dissociation de l'esprit et du corps provoquée par la kétamine est corrélée avec l'interaction de cette drogue avec les récepteurs reconnaissant le neurotransmetteur glutamate, il est probable que certains neurones activés par ce neurotransmetteur participent à ce phénomène. On sait d'ailleurs que des conditions hypoxiques (faible quantité de sang et d'oxygène dans le cerveau) ou encore une hausse de dioxyde de carbone (CO_2) sont propices à l'apparition d'expériences extra-corporelles et entraînent une forte sécrétion de glutamate. Cette carence d'oxygène peut alors altérer le message nerveux issu des structures visuelles, auditives et émotionnelles (souvenirs et émotions) et induire les sensations de bien-être, les visions de tunnels et les impressions que la vie de l'individu défile sous ses yeux souvent associées aux EMI. Donc, aussi étranges et spectaculaires soient-elles, ces expériences extra-corporelles demeurent d'abord et avant tout des illusions et des sensations résultant d'une perturbation du cerveau, conséquence d'une expérience traumatique causée par des conditions critiques de survie qui menacent de mettre un terme à l'existence.

Variations génétiques. Même si le comportement est le résultat d'une interaction complexe entre les gènes et plusieurs variables de l'environnement (éducation, mode de vie, culture),

plusieurs études suggèrent néanmoins que des variations génétiques pourraient exercer une influence sur divers aspects de la personnalité. Par exemple, le gène de la monoamine oxidase A (MAOA) est souvent considéré comme le « gène du guerrier », un surnom qui découle de l'observation suivante : certaines familles possédant un historique de comportement criminel violent sur plusieurs générations présentent une mutation qui inactive cette enzyme. Puisque la MAOA joue un rôle dans la dégradation des neurotransmetteurs dopamine, norépinéphrine et sérotonine au niveau des jonctions synaptiques, il est possible que la surstimulation des circuits neuronaux utilisant ces neurotransmetteurs provoque une perturbation du comportement qui, dans un contexte social donné, augmente la probabilité d'agressions impulsives.

> Soldat américain dépêché dans le sud de l'Irak, en 2003

Des variations dans certains gènes qui participent à la transmission de l'influx nerveux des neurones à sérotonine ont également été observées, et ces gènes pourraient augmenter les risques de désordres aussi divers que la tendance à la dépression à la suite d'un traumatisme ou encore la mort subite du nouveau-né. De telles variations existent aussi pour les mécanismes responsables de la douleur, le cas le plus connu étant l'insensibilité congénitale à la douleur. Une mutation dans la séquence d'un pore (canal sodium $Na_v 1.7$) localisé dans les neurones activés par les nocicepteurs empêche la transmission de l'influx nerveux et rend les personnes qui souffrent de cette maladie héréditaire complètement insensibles à la douleur. Même si cette insensibilité congénitale à la douleur est très rare, elle est bien connue des amateurs de romans policiers grâce au très dangereux demi-frère de Lisbeth Salander dans la trilogie *Millénium*.

Corps et esprit : variations infinies sur un même thème

La relation entre le corps et l'esprit est un sujet qui passionne l'humanité depuis des millénaires. Cet intérêt est tout à fait normal étant donné la place centrale qu'occupe l'intelligence dans nos vies. Propre aux humains, cette capacité de penser, de raisonner, de communiquer et d'exprimer des émotions a depuis longtemps fasciné les philosophes, ceux-ci ne pouvant concevoir que des activités aussi « nobles » puissent se comparer aux fonctions « animales » que sont la digestion ou le mouvement musculaire, par exemple. C'est pour cette raison que, très tôt dans le développement des principales cultures humaines, toute activité qui implique une activité cérébrale (pensée, émotions) a été considérée comme un phénomène immatériel, la nature abstraite de la pensée rationnelle ne pouvant, selon cette vision, être causée par des processus physiques concrets. Cette perception, défendue avec vigueur autant par les philosophes grecs comme Platon et Aristote que par les premiers théologiens tels que saint Augustin et saint Thomas d'Aquin, exerce encore aujourd'hui une influence énorme sur la façon dont nous concevons la vie (et la mort) sur la Terre : elle implique que les humains sont différents des autres espèces animales parce qu'ils sont constitués de deux essences, une, matérielle, c'est-à-dire le corps physique et mortel, et une autre, immatérielle, qu'elle soit esprit, conscience ou âme, qui échappe aux lois implacables de la nature

< René Descartes

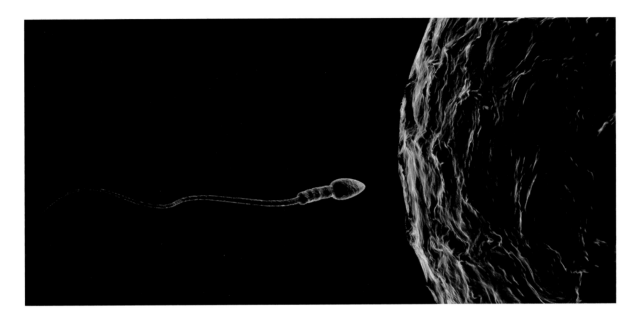

de par son caractère immortel et peut donc, d'une façon ou d'une autre, « survivre » à la suite de la mort du corps matériel. Selon ce dualisme, notre personnalité, soit les pensées, les comportements et les émotions propres à chacun d'entre nous, provient de phénomènes métaphysiques inexplicables se produisant de façon parallèle à nos fonctions vitales quotidiennes. La recherche en génétique et en neurobiologie a toutefois apporté des éléments de réponse permettant de résoudre cette ambiguïté du dualisme et d'expliquer la complexité de l'essence humaine sur des bases plus scientifiques.

En effet, le caractère exceptionnel de la vie humaine s'exprime par la richesse des personnalités individuelles, laquelle résulte du fait que nous sommes biologiquement uniques. L'être humain est le résultat d'une prodigieuse interaction entre les gènes légués par ses parents (sa génétique) et l'ensemble des modifications que son mode de vie fait subir à ces gènes (son épigénétique). Lors de la formation des cellules reproductrices, les 23 paires de chromosomes, porteurs de nos gènes, sont distribuées au hasard, un chromosome de chaque paire étant transmis à un ovule chez la femme ou à un spermatozoïde chez l'homme. D'un point de vue statistique, cette distribution signifie que 2^{23} (8 388 608) cellules reproductrices différentes peuvent être produites. Puisque, au moment de la fécondation, un des 8 388 608 spermatozoïdes possibles du père se combine par pur hasard avec un des 8 388 608 ovules possibles de la mère pour donner un embryon, c'est dire qu'un seul couple peut donner naissance à 70 000 milliards d'enfants différents. En plus de l'incroyable diversité de son héritage génétique (son hérédité), chacun de ces enfants vivra une vie distincte, influencée par l'endroit où il grandit, les autres humains qu'il rencontre, les goûts qu'il développe au fil du temps et les aptitudes qu'il affine avec l'expérience. L'ensemble de ces influences se réalise au niveau moléculaire par ce que l'on appelle les modifications épigénétiques, qui touchent non pas notre code génétique, mais les mécanismes moléculaires qui en régulent l'expression. Ces profondes différences entre les êtres humains ne sont pas uniquement morphologiques ou anatomiques ; elles touchent l'ensemble du comportement humain, y compris par exemple les émotions, les peurs, le sens artistique ou les capacités sportives. C'est de cet extraordinaire polymorphisme que naît la diversité des personnalités humaines. Comme nous le rappelle le caractère unique des empreintes digitales (même les jumeaux identiques montrent des différences notables dans la forme de leurs dermatoglyphes), chaque processus cellulaire à l'œuvre dans le corps humain est une conséquence de cette combinaison génétique unique. Nous sommes le résultat de l'interaction entre un assemblage de gènes qui n'a jamais existé dans le passé et qui n'existera plus dans le futur et un ensemble de modifications que notre vie fait subir à l'expression de ces gènes. C'est là que se situe le caractère unique de la personnalité individuelle.

Comme tous les organes, le cerveau n'échappe pas à cette prodigieuse diversité biologique. Si chaque individu possède une personnalité unique, c'est en grande partie parce que cette diversité génétique et épigénétique provoque des connexions synaptiques spécifiques à chacun d'entre nous, de même que des variations individuelles dans les niveaux relatifs de neurotransmetteurs impliqués dans la transmission de l'influx nerveux. Ces phénomènes neurologiques sont directement liés à nos gènes ainsi qu'à l'influence qu'exerce notre mode de vie sur leur fonction. Les perturbations de la personnalité provoquées par l'altération des médiateurs biochimiques de l'influx nerveux du cerveau en présence de drogues, de médicaments, par la mutation de certains gènes ou par des traumatismes graves montrent à quel point ces mécanismes jouent un rôle essentiel dans ce que nous sommes en tant qu'individus.

Ainsi, le cerveau n'est pas un simple régulateur sophistiqué de nos fonctions de base ; il est surtout le siège de nos pensées, de nos souvenirs et de nos émotions, le grand responsable de notre personnalité et de notre identité. Ce que l'on appelle « mort » est donc la perte irréversible des fonctions cérébrales qui définissent notre unicité, que celle-ci soit la cause de l'arrêt cardiaque ou qu'elle en soit la conséquence. La mort, c'est la mort de cette âme cérébrale, signature de notre identité.

> Rembrandt, *La Leçon d'anatomie du docteur Tulp* (détail)

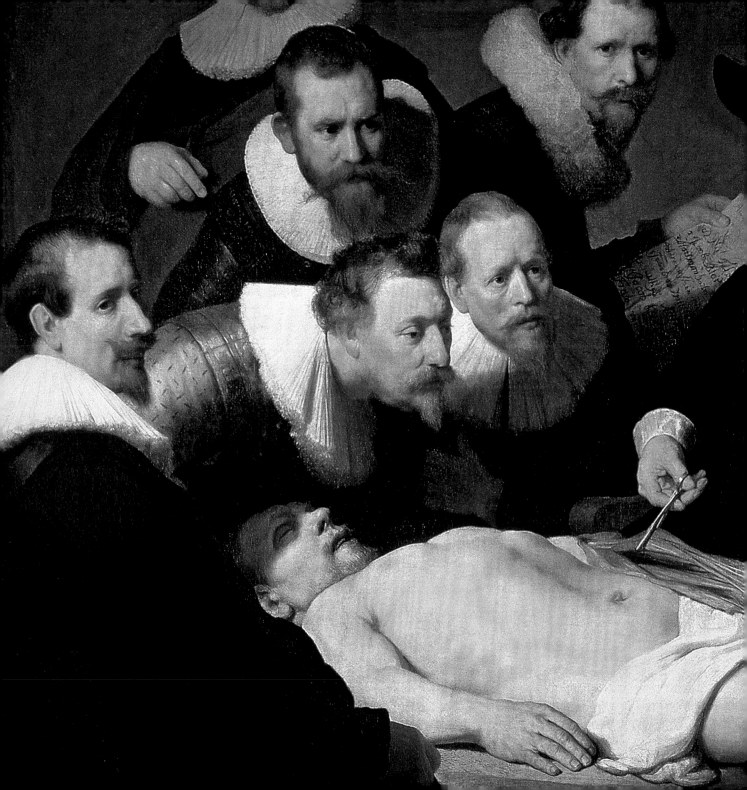

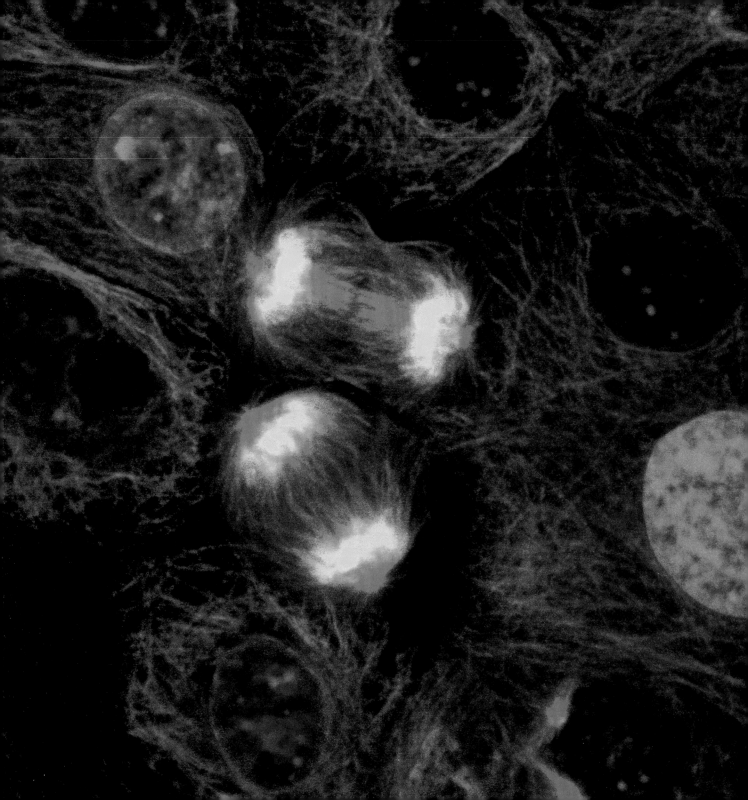

Chapitre 2

Mourir, c'est la vie!

Quand on ne sait pas ce qu'est la vie,
comment pourrait-on savoir ce qu'est la mort?

Confucius (551-479 av. J.-C.)

Il est difficile de comprendre et d'accepter la mort sans tout d'abord apprécier la complexité de la vie. Nous devons être conscients que notre existence, comme celle de tous les organismes vivants qui peuplent notre planète, constitue le résultat extraordinaire de l'évolution d'une petite cellule primitive apparue il y a près de 4 milliards d'années. Les conditions nécessaires à l'éclosion de la vie sont si difficiles à réunir que nous n'avons encore trouvé nulle trace, sur aucune autre planète dans l'univers exploré, de formes de vie. Face à l'improbabilité de la vie et à sa formidable complexité, avant de se demander pourquoi la maladie survient ou pourquoi l'existence se termine un jour par la mort, il faut d'abord s'émerveiller du fait que la vie est parvenue à jaillir sur la Terre pour générer la fabuleuse diversité d'espèces, dont la nôtre bien entendu, qui ont vécu et qui vivent actuellement sur notre planète.

La vie est belle

La vie représente une source constante d'émerveillement. Comment ne pas s'ébahir de l'incroyable travail des neurones, grâce auquel nous pouvons penser et garder en mémoire les événements marquants; de la capacité d'une cellule immunitaire à reconnaître et littéralement avaler une bactérie pathogène pour nous protéger des agressions extérieures; du mécanisme qui permet aux cellules de la rétine de capter les photons de la lumière, nous donnant la possibilité de voir et d'apprécier la beauté du monde qui nous entoure? Comment la fusion d'un seul ovule et d'un seul spermatozoïde peut-elle générer un être humain complexe, constitué de 100 000 milliards de cellules spécialisées qui travaillent ensemble pour incarner cette expérience fabuleuse que nous appelons « la vie » ? Alors que nous sommes éblouis par les progrès technologiques et attirés par les nouveaux gadgets qui nous sont constamment proposés, nous n'avons pas conscience, la plupart du temps, de la perfection des cellules qui composent notre corps. Des gestes de notre vie quotidienne en apparence tout à fait banals, comme se brosser les dents, enfiler une aiguille ou encore planter un clou à l'aide d'un marteau, exigent pourtant un nombre invraisemblable de signaux nerveux qui coordonnent le signal visuel, la position exacte des membres et l'intensité des contractions musculaires. Malheureusement, ce n'est souvent qu'en vieillissant ou en tombant malades que nous apprécions véritablement la qualité de vie que procure le bon fonctionnement de nos organes et que nous comprenons ce que signifie être en bonne santé.

L'évolution de la vie

Connaître son arbre généalogique et apprendre le nom et les grandes lignes de la vie de nos ancêtres est une façon concrète d'en savoir davantage sur les personnes à qui nous devons l'existence. Cependant, il est souvent difficile de connaître avec pré-

cision l'identité de ses ancêtres au-delà de la quinzième génération (environ 400 ans), les documents plus anciens étant malheureusement très souvent détruits ou égarés à la suite des nombreux impondérables de l'histoire. Le même problème se présente lorsqu'on tente de tracer l'arbre généalogique de la vie sur la Terre. En effet, même si certaines des premières formes de vie ont laissé des traces sous forme de fossiles datant de plusieurs millions d'années, ces fossiles se forment seulement dans des conditions très particulières et ne représentent en conséquence qu'une infime partie des espèces qui ont vécu sur la planète. Fort heureusement, les progrès gigantesques qui ont été faits pour étudier le matériel génétique d'un grand nombre d'espèces actuelles ont permis d'estimer les similitudes qui existent entre ces espèces et de déterminer ainsi leur degré de parenté et leurs ancêtres communs. Grâce à cette véritable « généalogie moléculaire », il est donc possible de remonter le temps et de retracer les grandes lignes des étapes ayant mené à l'apparition des espèces qui peuplent aujourd'hui la planète. Selon les données actuellement disponibles, les trois grands groupes d'organismes vivants, soit les bactéries, les archéens (des organismes semblables à des bactéries, mais qui vivent souvent dans des conditions extrêmes) et les eucaryotes, représentent tous des familles distinctes provenant d'un ancêtre commun universel (LUCA) apparu sur la Terre il y a près de 4 milliards d'années (Figure 1).

Cette diversification de la vie ne s'est pas faite du jour au lendemain : pendant plus de 3 milliards

(suite p. 53)

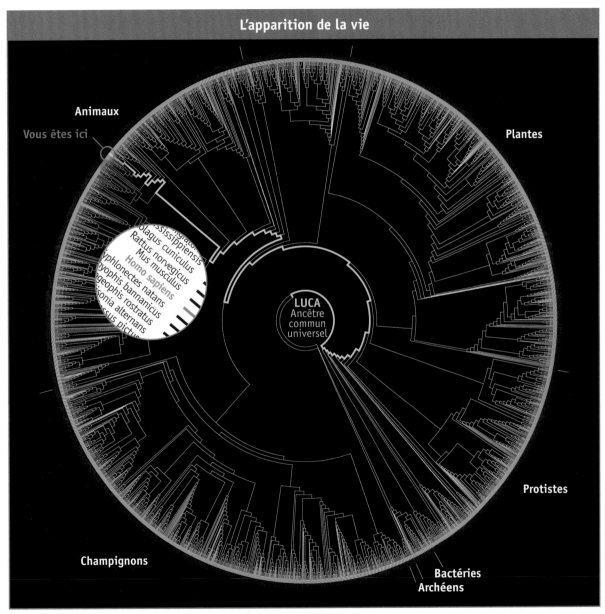

L'apparition de la vie

Animaux

Vous êtes ici

Plantes

Protistes

Champignons

Bactéries
Archéens

LUCA
Ancêtre
commun
universel

ssissippiensis
olagus Cuniculus
Rattus norvegicus
Mus musculus
Homo sapiens
yphlonectes natans
ryophis bannanicus
geophis rostratus
sonia alternans
ssus pictu

Figure 1

Source : David M. Hillis, Derrick Zwickl, et Robin Gutell, Université du Texas

L'apparition de la vie

Même si l'on ne peut exclure la possibilité que des formes de vie aient jailli sur une autre des planètes présentes dans l'univers, il est néanmoins certain que la vie telle que nous la connaissons sur la Terre est un phénomène extrêmement rare. Les circonstances de cette apparition de la vie, il y a presque 4 milliards d'années, sont de mieux en mieux comprises. En 1953, le chimiste Stanley Miller a montré le premier que les conditions atmosphériques extrêmes qui prévalaient à cette époque sur notre planète (présence de méthane, d'hydrogène et d'ammoniac gazeux combinés à une activité électrique intense) pouvaient générer spontanément certains éléments de base nécessaires à la vie, notamment des acides aminés. Plus récemment, on a démontré que ces conditions pouvaient également mener à la formation de nucléotides, constituants de base du matériel génétique actuel (ADN et ARN). Puisque toutes les formes de vie terrestre, de la bactérie la plus rudimentaire aux animaux évolués comme l'être humain, utilisent le même code d'ADN et d'ARN pour vivre et se reproduire, on peut considérer l'apparition de ces molécules comme l'étape la plus importante dans l'histoire de la vie sur la Terre.

Mais c'est la mise en place de structures capables d'utiliser l'information contenue dans la structure de l'ADN comme moyen de s'autorépliquer qui a véritablement donné l'impulsion à l'évolution de la vie, le point de départ du monde vivant tel que nous le connaissons aujourd'hui. Une telle diversification de la vie peut sembler à première vue improbable, car, à l'échelle de l'existence humaine, il est difficile de concevoir la somme d'événements qui peuvent se produire pendant des centaines de millions d'années. Comme l'évolution du cerveau dont nous avons parlé dans le chapitre précédent, l'évolution de la vie est un processus très lent, qui a fait appel à l'élaboration graduelle de systèmes performants et fiables pour faire face aux changements de l'environnement (sélection naturelle). Lorsqu'ils sont particulièrement utiles, la vie fait preuve d'une étonnante capacité à conserver ces systèmes durant de longues périodes, ainsi qu'en témoigne l'utilisation de l'ADN comme code universel de la vie depuis 4 milliards d'années. Les grandes lignes du plan de développement des organismes multicellulaires, apparu il y a environ 500 millions d'années, sont un autre exemple de cet «instinct de conservation», car, même si au départ ce plan servait à produire des animaux invertébrés primitifs, ses grandes lignes ont été maintenues jusqu'à ce jour : par exemple, vous vous êtes peut-être déjà demandé pourquoi tous les insectes et animaux qui nous entourent sont symétriques, la moitié du corps étant l'image miroir de l'autre. Cette symétrie est due à l'apparition, il y a 500 millions d'années, de gènes *Hox*, déterminant la place des organes et des membres les uns par rapport aux autres le long de l'axe qui va d'une extrémité à l'autre des organismes

< La biodiversité animale. Dans l'ordre habituel : oursin de mer / un tunicier, entouré d'une ophiure / mante religieuse / poisson-dragon / poisson-clown / palourde / araignée-loup (*lycosidae*) / sarcoramphe roi (vautour pape) / aigle noir / python vert / abeille à miel / paon / hippocampe / ver arbre de Noël (*Spirobranchus giganteus*)/ grenouille arboricole (*Leptopelis natalensis*) / agame

51

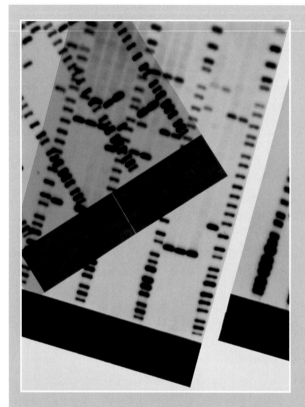

permettant l'évolution du vivant ont été optimisées pendant des millions d'années. Chacune des étapes permettant de franchir avec succès les épreuves est précieusement conservée dans la mémoire de l'ADN, porteur de notre hérédité. Pour évoluer, la nature ne réinvente pas ce qui fonctionne déjà ; elle peaufine ces systèmes et les utilise de la façon la plus efficace possible pour maximiser la propagation de l'espèce porteuse de ces avantages évolutifs.

Il va sans dire que le hasard joue également un rôle déterminant dans le processus évolutif. Après tout, rien ne prédestinait cette cellule primitive initiale à provoquer l'émergence de l'espèce humaine 4 milliards d'années plus tard ! Près de 99 % des espèces qui ont vu le jour au cours de l'histoire de la vie ont été éradiquées de la planète à la suite des nombreux bouleversements climatiques et autres événements qui ont marqué l'histoire de la Terre. Les extinctions massives du Permien (250 millions d'années) et du Crétacé (65 millions d'années) n'ont pas sélectionné les espèces qui étaient nécessairement les plus évoluées, mais plutôt celles qui pouvaient le mieux s'adapter aux énormes changements associés à ces catastrophes. Il aurait suffi qu'une de ces espèces échappe à l'extinction pour que le visage de la vie sur la Terre soit totalement différent. Par exemple, si les dinosaures avaient pu échapper à l'extinction du Crétacé, la Terre ressemblerait fort probablement aujourd'hui à un « parc Jurassique », mais sans primates ni humains...

(axe antéropostérieur). Les bénéfices pour la survie conférés par ces gènes ont été tels qu'ils se sont soigneusement conservés jusqu'à aujourd'hui, d'où l'apparence symétrique de la totalité des insectes et des animaux de la planète.

L'histoire de la vie est donc essentiellement celle de l'identification de systèmes performants capables de s'adapter aux épreuves imposées par l'environnement. Nous sommes ici parce que les tentatives de générer une complexité biologique

d'années, soit environ les cinq sixièmes de toute l'histoire de la vie sur la Terre, ces organismes unicellulaires ont représenté la seule forme de vie terrestre. Si l'on transpose l'histoire des 4 milliards d'années de vie sur la Terre à l'échelle d'une année de 365 jours qui commencerait le 1er janvier, les organismes unicellulaires ont été les seuls habitants de la planète jusqu'à l'apparition des premiers « animaux » invertébrés le 6 novembre, rejoints par les premières formes de plantes (20 novembre), de poissons (24 novembre), d'insectes (29 novembre) et des premiers mammifères (25 décembre). Les premiers humains, quant à eux, n'ont fait leur apparition que le 31 décembre, 30 minutes avant la fin de l'année !

Grâce à l'intuition et aux observations de Darwin, on sait maintenant que cette évolution et cette diversification de la vie ne sont pas le fruit du hasard, mais le résultat d'une loi implacable de la nature, la sélection naturelle : les organismes les plus aptes à s'adapter aux contraintes dues à des modifications environnementales ont plus de chances de survivre et sont par conséquent plus susceptibles d'engendrer une descendance nombreuse. À l'inverse, une espèce qui ne possède pas la flexibilité requise pour faire face à ces contraintes verra sa population décroître et, à la longue, disparaître. Cette loi du plus fort est absolument sans pitié : on estime qu'à la suite des nombreux bouleversements subis par notre planète depuis sa formation (météorites, éruptions volcaniques, dérive des conti-

nents, glaciations, etc.), près de 99 % de toutes les espèces qui ont vu le jour depuis l'apparition de la vie sont maintenant éteintes. L'histoire de la vie est donc aussi celle de la mort.

La mort, source de vie

Même pour les espèces « victorieuses », qui ont réussi à surmonter ces épreuves et grâce auxquelles nous devons le foisonnement de la vie actuelle, la mort demeure un événement inextricablement lié à la vie. Même des organismes aussi simples que les bactéries ou les levures, qui se reproduisent simplement en scindant leur unique cellule pour former deux cellules filles, ne sont pas réellement immortels : on sait maintenant qu'au cours de la division, une des deux cellules filles contient une plus grande portion de structures endommagées qui finit par compromettre la survie de ses descendants. Tout ce qui vit meurt un jour ou l'autre ; la seule façon de poursuivre l'aventure de la vie est donc de parvenir à assurer la reproduction de l'espèce avant que cette mort ne survienne.

> Un tigre de Tasmanie, espèce aujourd'hui disparue

Une question d'équilibre

Du point de vue de la physique, la vie est ce que l'on appelle un système thermodynamique ouvert, c'est-à-dire un système qui échange constamment de l'énergie avec le milieu extérieur. Pour avoir une idée de ce qu'il en coûte pour maintenir un tel système, imaginez ce qui se passera si vous chauffez votre maison par grand froid tout en ayant certaines fenêtres ouvertes. Dans de telles conditions, maintenir une température constante requerra le fonctionnement continuel du système de chauffage de façon à compenser l'entrée d'air froid par les ouvertures. Outre le fait que cela sera fort dispendieux, même le plus efficace des systèmes de chauffage ne pourra fonctionner éternellement. Un jour ou l'autre, une panne surviendra, éliminant la source de chaleur, et les températures des deux compartiments, intérieur et extérieur, finiront par s'équilibrer pour devenir identiques. De la même façon, le maintien des fonctions cellulaires requiert un apport constant en énergie pour s'organiser face au désordre du milieu extérieur, et cet effort continuel ne peut ultimement que mener la cellule à sa perte. La vie est un état de non-équilibre avec le milieu extérieur, état qui va à l'encontre de la tendance naturelle de la matière à l'équilibre. Selon les lois de la thermodynamique, la mort représente ce retour à l'équilibre. Elle est par conséquent inévitable.

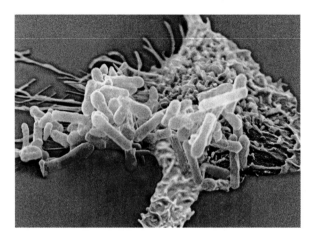

Ce lien indissociable entre la vie et la mort est dû à l'énorme investissement en énergie que requiert le maintien de la vie. La vie est une série de réactions biochimiques qui utilisent l'énergie présente dans l'environnement pour créer et maintenir des structures complexes et ordonnées, capables de s'autorépliquer par le biais des cellules. Ce maintien de l'ordre est extrêmement coûteux, car il demande un apport constant en énergie pour contrer la tendance fondamentale de la matière à adopter un état désorganisé. Avec le temps, cependant, une telle dépense énergétique engendre des dommages importants aux cellules et ne peut réussir à maintenir l'ordre (voir encadré).

Donc, que ce soit du point de vue physique, biologique ou évolutif, l'immortalité n'est vraiment pas une option rentable ! C'est pourquoi, dès le début, l'impulsion nécessaire au développement de la vie a été donnée par des cellules aptes non pas à survivre pendant de longues

∧ Bactéries *Pseudomonas* (rouge) attaquées par un macrophage (mauve)

> La biodiversité humaine

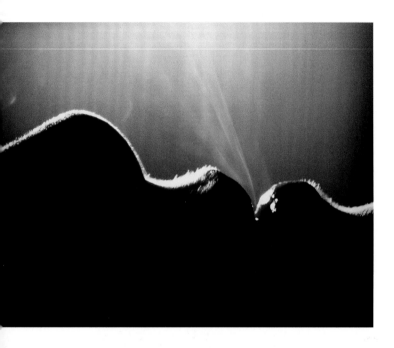

Apprivoiser l'oxygène

Étant donné la somme d'énergie qui doit être déployée en permanence pour maintenir la vie, il n'est pas étonnant que l'apparition de formes de vie plus évoluées, contenant une multitude de cellules, n'ait été rendue possible que par la mise en place de mécanismes métaboliques à haut rendement et capables de procurer une grande quantité de cette précieuse énergie. Très tôt dans l'évolution, l'adénosine triphosphate, mieux connue sous son abréviation d'ATP, s'est imposée comme le carburant universel du monde vivant. Pour les premières bactéries qui sont apparues à une époque où l'atmosphère était essentiellement dépourvue d'oxygène, la production d'ATP passait obligatoirement par la fermentation. Même si ce processus est adéquat pour soutenir les fonctions cellulaires (plusieurs microorganismes ont conservé ce mode de production d'énergie jusqu'à aujourd'hui), il demeure néanmoins nettement insuffisant pour assurer la survie d'un organisme complexe, composé de plusieurs milliards de cellules.

C'est l'oxygène qui sera le catalyseur de l'explosion de la vie sur la Terre, et l'apparition des formes de vie plus évoluées coïncide avec la hausse spectaculaire du niveau de cette molécule dans l'atmosphère terrestre. Les premières traces d'oxygène sont apparues il y a environ 2,5 milliards d'années, conséquence du métabolisme des cyanobactéries (ou algues bleues) qui le rejetaient comme « déchet » lors de la fabrication des molé-

périodes, mais à se reproduire rapidement, avant que l'accumulation de dommages n'entraîne inévitablement la mort. En permettant la génération de nouveaux organismes plus jeunes et plus aptes à s'adapter aux conditions changeantes du milieu extérieur, la reproduction constitue véritablement la force motrice de l'évolution. Si, au lieu de développer son potentiel de reproduction, la première cellule avait consacré son énergie à contrer les ravages causés par l'usure du temps de façon à devenir immortelle, nous n'aurions jamais pu voir le jour. Aussi paradoxal que cela puisse paraître, ce n'est que grâce à la mort que la vie a pu et peut encore aujourd'hui réellement s'épanouir.

cules essentielles à leur survie par la photosynthèse. Cette activité de photosynthèse, combinée à celle qu'ont réalisée les plantes à la suite de leur colonisation de la surface terrestre, a entraîné une lente mais spectaculaire augmentation du taux d'oxygène atmosphérique au cours des millions d'années subséquentes (Figure 2).

Cette hausse d'oxygène s'est accompagnée d'une véritable explosion de la vie sur la Terre, qui s'est traduite par l'apparition de plusieurs animaux invertébrés, notamment la faune d'Ediacara (premiers fossiles d'organismes complexes datant de 565 millions d'années découverts dans les collines d'Australie du même nom). Cet essor est directement lié à une formidable amélioration de la production d'énergie à partir de l'oxygène : par exemple, alors que la fermentation d'une molécule de glucose produit seulement 2 molécules d'ATP chez les organismes unicellulaires simples, le métabolisme de cette même molécule de glucose en présence d'oxygène résulte en 36 ATP, un rendement 18 fois plus élevé !

Cet accroissement d'efficacité est une conséquence directe du mariage le plus heureux de toute l'histoire de la vie sur la Terre, un « vieux couple » formé il y a plus de 2 milliards d'années,

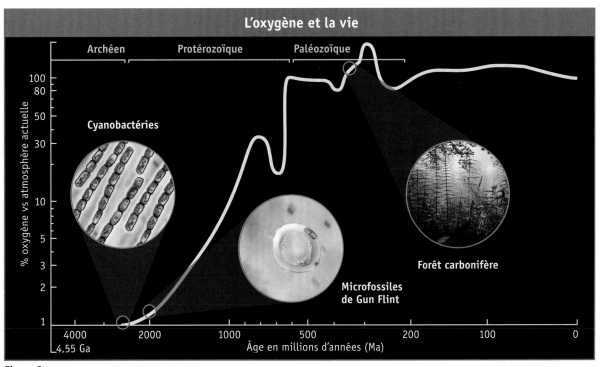

L'oxygène et la vie

Archéen | Protérozoïque | Paléozoïque

Cyanobactéries

Microfossiles de Gun Flint

Forêt carbonifère

% oxygène vs atmosphère actuelle

100
80
50
30
10
5
3
2
1

4000 | 2000 | 1000 | 500 | 200 | 100 | 0

4,55 Ga

Âge en millions d'années (Ma)

Figure 2

composé d'une bactérie capable de transformer l'oxygène en ATP et d'une cellule primitive, incapable d'utiliser par elle-même ce nouveau gaz présent dans l'environnement. La vie telle que nous la connaissons aujourd'hui n'aurait jamais pu exister sans l'union de ces deux formes de vie primitives : en permettant aux cellules de transformer efficacement l'oxygène en ATP, ces bactéries ont fourni les bases nécessaires à l'évolution de formes de vie plus complexes qui nécessitent un apport accru en énergie pour vivre et se reproduire.

Dans les cellules « modernes », appelées « eucaryotes », ces anciennes bactéries prennent la forme de mitochondries présentes à la fois chez les animaux et les végétaux, et de chloroplastes chez les végétaux.

Ces mitochondries possèdent encore aujourd'hui leur ADN propre, capable de coder pour certaines protéines et ARN (chez l'humain, pas moins de 37 gènes provenant des mitochondries participent aux fonctions cellulaires). Contrairement à l'ADN du noyau, qui est hérité des deux parents, l'ADN des mitochondries est uniquement transmis par la mère, et il est possible d'utiliser cette caractéristique pour retracer l'origine de notre espèce. Selon les données actuellement disponibles, on estime que toutes les mitochondries humaines auraient une origine africaine commune, une « Ève mitochondriale » qui a vécu en Éthiopie, au Kenya ou en Tanzanie il y a environ 150 000 ans.

Le principal rôle des mitochondries est d'agir comme de véritables centrales énergétiques res-

∧   Fossile de trilobite datant d'environ 500 millions d'années

ponsables de la fabrication d'ATP. Dans les chloroplastes des végétaux, c'est l'énergie électromagnétique des rayons du soleil qui est convertie en énergie chimique. Cette transduction d'une forme d'énergie en une autre est à l'origine de la vie sur notre planète (Figure 3). Dans les mitochondries, c'est l'énergie chimique des protéines, des sucres et des lipides qui est convertie en carburant, l'ATP. Les mécanismes à l'œuvre dans cette production d'énergie sont d'une telle complexité que, pendant des générations, les plus grands biochimistes qui ont cherché à les comprendre y ont perdu leur latin. Ce n'est que grâce au génie de certains d'entre eux, notamment le Britannique Peter Mitchell (prix Nobel 1978), qu'on en connaît enfin les grandes lignes (Figure 4).

Ce modèle, appelé « chemiosmotique », explique que l'énergie biochimique contenue dans les molécules riches en énergie provenant de la nourriture (sucre, lipide, protéines) ou de l'énergie solaire, captée par les pigments végétaux des plantes, est utilisée pour générer un courant d'électrons dans la membrane mitochondriale qui génère à son tour un gradient électrochimique de protons de part et d'autre de la membrane de la mitochondrie. Ce gradient est alors utilisé par une enzyme (F_0F_1ATPase) pour synthétiser le précieux ATP.

L'ensemble de ce processus est nommé « respiration cellulaire » et aboutit à la libération de CO_2 et à la consommation d'oxygène. $C_6H_{12}O_6 + 6\,O_2 \rightarrow 6\,CO_2 + 6\,H_2O +$ énergie (ATP et chaleur)

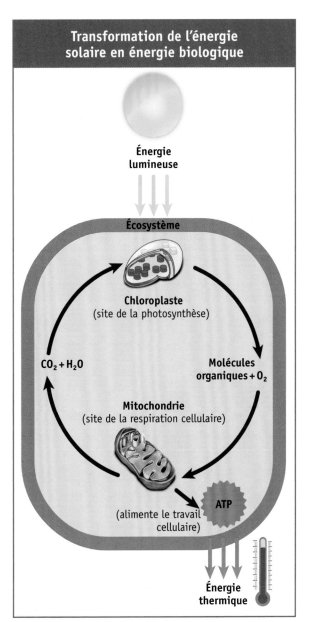

Figure 3

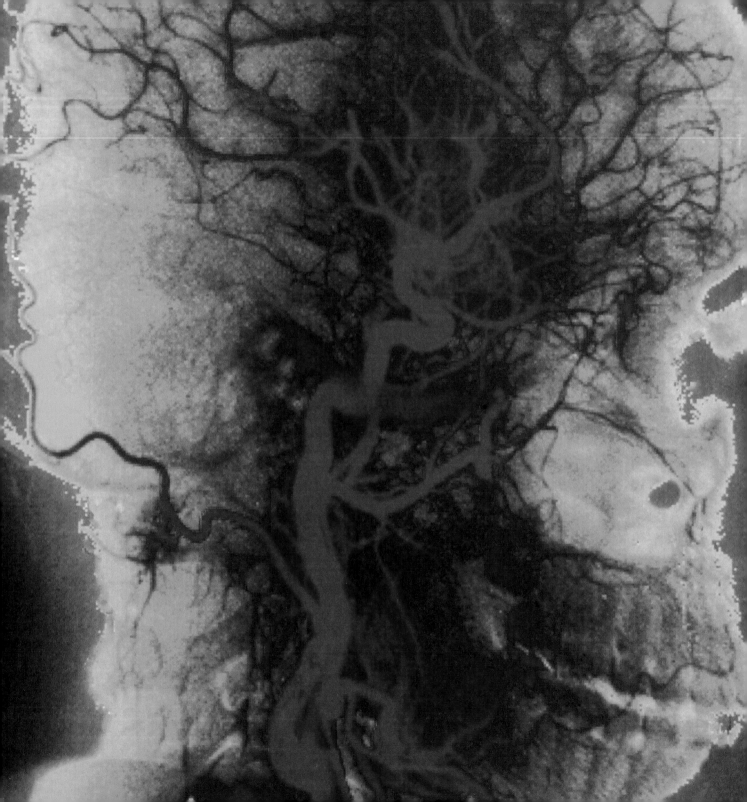

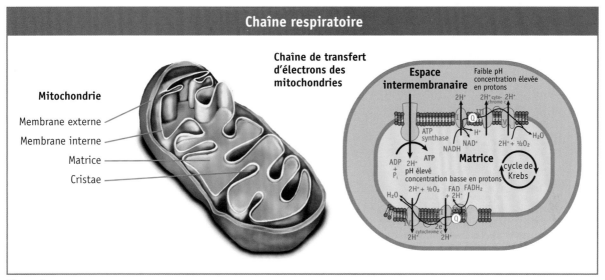

Chaîne respiratoire

Mitochondrie

Membrane externe

Membrane interne

Matrice

Cristae

Chaîne de transfert d'électrons des mitochondries

Espace intermembranaire

Faible pH concentration élevée en protons

ATP synthase

Matrice

ADP + P$_i$

ATP

pH élevé concentration basse en protons

cycle de Krebs

Figure 4

Si l'oxygène est absolument essentiel à la vie des espèces animales, c'est tout simplement parce que les cellules ont adopté en bloc ce mode de fabrication d'énergie pour leur fonctionnement. La respiration cellulaire, présente dans toutes les cellules du corps humain, a nécessité la mise en place d'un système de livraison de l'oxygène, même aux cellules qui, enfouies profondément dans nos tissus, ne sont pas exposées à l'oxygène atmosphérique: le système sanguin, véhicule des globules rouges. Les globules rouges contiennent l'hémoglobine, pigment dont la caractéristique principale est de capter l'oxygène avec une très haute affinité. Véhiculé par le sang, dans un réseau de plusieurs milliers de kilomètres de capillaires, le précieux oxygène est alors livré à toutes les cellules du corps. On voit généralement la respiration comme un phénomène physique et macroscopique, au cours duquel le mouvement du diaphragme permet aux poumons d'inspirer l'air contenant environ 20 % d'oxygène, alors que ce macrophénomène n'est que la résultante évolutive de la vraie respiration métabolique, qui est d'origine mitochondriale.

On dit souvent qu'un système est aussi fort que son élément le plus faible. Dans le cas des cellules, cette forte dépendance par rapport à l'oxygène implique que tout événement qui empêche l'arrivée d'oxygène ou son couplage avec la synthèse d'ATP est catastrophique et cause rapidement la mort de la cellule. Comme nous le verrons dans les chapitres suivants, la mort, qu'elle soit

poissons ou encore les reptiles, sont véritablement des merveilles de l'évolution, l'agencement fonctionnel de plusieurs millions de cellules qui permettent à ces animaux de se nourrir, de se mouvoir et de percevoir avec acuité leur environnement. Une telle complexité serait bien évidemment impossible si toutes les cellules étaient identiques; ce n'est qu'à la suite de leur spécialisation, c'est-à-dire de l'acquisition de certaines propriétés qui leur permettent d'accomplir une tâche spécifique au profit de l'organisme entier, que chacun de ces animaux acquiert sa forme et son mode de vie spécifiques.

Cette spécialisation, que l'on appelle «différenciation cellulaire», débute dès les premiers stades du développement de l'embryon. La grande majorité des animaux multicellulaires (sauf certaines espèces comme les éponges et les coraux) sont triploblastiques, c'est-à-dire qu'à la suite de la fécondation de l'œuf par le spermatozoïde, l'embryon se segmente en trois couches distinctes (ectoderme, mésoderme et endoderme) pour ensuite former l'éventail de cellules spécialisées présentes dans l'animal. Par exemple, la couche supérieure de l'embryon (ectoderme) est responsable de la formation des neurones du système nerveux de même que des cellules de la peau; la couche intermédiaire (mésoderme) est quant à elle impliquée dans le développement des muscles, du rein, des organes reproducteurs, etc.; et la couche interne (endoderme) permet la formation du système digestif ainsi que de plusieurs autres types cellulaires (poumons, thyroïde, pancréas) (Figure 5).

causée par une infection, un poison, une maladie ou n'importe quel événement malheureux, est toujours une conséquence de l'arrêt de la fabrication d'ATP associé à l'absence d'oxygène.

Sculpter la vie

En dépit de la capacité de l'oxygène à soutenir le fonctionnement des organismes plus évolués, la vie n'aurait jamais atteint le degré de complexité que nous connaissons aujourd'hui sans la participation active de la mort.

On n'en prend pas toujours conscience, mais tous les animaux, même ceux que l'on considère souvent comme «inférieurs» tels les insectes, les

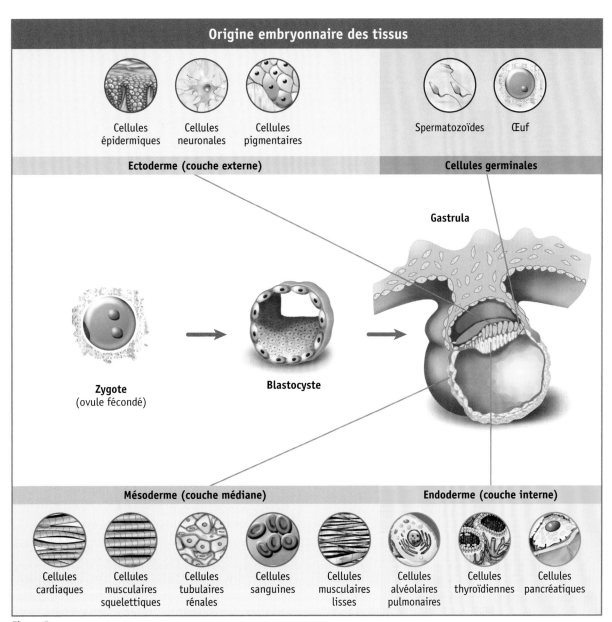

Figure 5

Qu'un seul œuf fécondé puisse donner naissance à une telle variété de cellules distinctes, capables d'accomplir des fonctions aussi spécialisées que la transmission de l'influx nerveux, la perception de la lumière ou encore la digestion des aliments, représente sans contredit l'un des chefs-d'œuvre de la nature.

Ce plan général d'organisation est apparu il y a environ 575 millions d'années et s'est imposé depuis comme le canevas utilisé par la sélection naturelle pour permettre aux espèces multicellulaires d'évoluer en réponse aux modifications de l'environnement. Malgré son aspect souvent spectaculaire, l'évolution nécessite rarement la création d'une nouvelle structure, mais plutôt une patiente réorganisation des éléments disponibles pour faire face de façon optimale aux défis imposés par l'environnement. Par exemple, même si l'avant-bras d'un humain, l'aile d'une chauve-souris, la nageoire pectorale d'un phoque

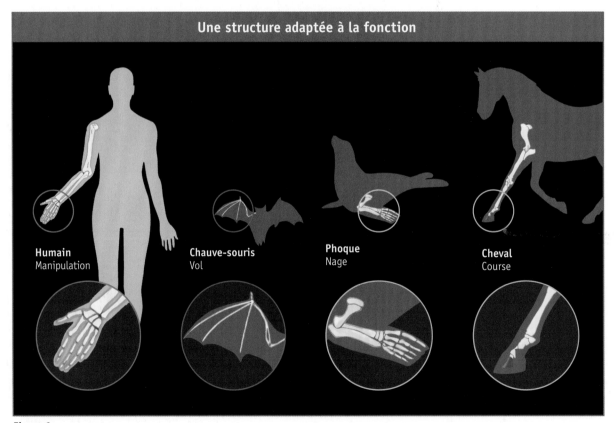

Une structure adaptée à la fonction

Humain
Manipulation

Chauve-souris
Vol

Phoque
Nage

Cheval
Course

Figure 6

ou encore la patte d'un cheval peuvent sembler tout à fait différents, tous ces membres sont pourtant des structures homologues, les os hérités d'un ancêtre commun étant simplement positionnés de façon différente pour accomplir des fonctions physiologiques distinctes (Figure 6).

Les processus permettant une telle complexité dépassent amplement le propos de ce livre, mais, même sans aucune notion de biologie ou des sciences en général, on peut tout de même saisir intuitivement à quel point un animal aussi évolué que l'être humain possède un héritage commun avec d'autres animaux « inférieurs ». Par exemple, la simple observation de la morphologie des embryons de plusieurs espèces au cours des premiers stades de leur développement montre à quel point ils sont similaires (Figure 7). Même pour des espèces aussi différentes que la souris et l'humain, il est pratiquement impossible de distinguer à quelle espèce appartient l'embryon dans les premiers stades du développement !

Sacrifice cellulaire

La diversification et la spécialisation des cellules des organismes plus évolués peuvent d'une certaine façon être comparées à celles d'une société moderne, où la spécialisation de la main-d'œuvre est associée à une organisation sociale

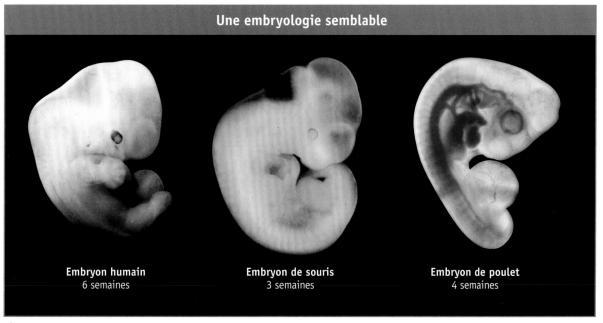

Une embryologie semblable

Embryon humain
6 semaines

Embryon de souris
3 semaines

Embryon de poulet
4 semaines

Figure 7

plus complexe. Malgré les nombreux avantages qu'a cette forme de civilisation, le maintien d'une structure ordonnée ne peut se faire sans heurts et nécessite généralement l'imposition de certaines règles strictes de façon à maintenir l'ordre.

En ce qui concerne le développement, la formation de structures spécialisées ne pourrait avoir lieu sans l'élimination de cellules superflues, dont la présence est incompatible avec le fonctionnement adéquat de l'organisme. Cette éradication est rendue possible par la présence dans chaque cellule d'une mécanique d'autodestruction très élaborée, capable d'enclencher un véritable «sacrifice rituel» dès que le besoin s'en fait sentir. Connu sous le nom scientifique d'«apoptose», ce sacrifice cellulaire consiste en un démantèlement complet de la cellule par l'action d'enzymes de mort, les caspases, véritables bistouris moléculaires qui déchiquettent méthodiquement les constituants de la cellule. En réponse à un ordre de mise à mort émis par les cellules environnantes ou encore à la suite de la détection de dommages irréparables qui peuvent entraver le fonctionnement adéquat de la cellule, une formidable série d'événements destinés à l'éliminer sont mis en branle (Figure 8). Par exemple, si une altération du bon fonctionnement cellulaire est détectée par les mitochondries, celles-ci relâchent dans la cellule une des protéines normalement impliquées dans la synthèse d'ATP (cytochrome c). Cette localisation anormale du cytochrome c est immédiatement perçue comme un incitatif au sacrifice cellulaire, le signal d'alarme qui entraîne l'activation d'une série de caspases et le déclenchement du compte à rebours signalant la mise à mort de la cellule, facilement visualisable par l'apparition de bourgeonnements à sa surface. Sources de vie, les mitochondries sont également des éléments centraux dans la mort cellulaire.

L'apoptose joue un rôle essentiel dans le modelage des organes du corps durant le développement : par exemple, au cours de la formation des structures cérébrales dans l'embryon, les neurones qui n'ont pas réussi à entrer en contact avec d'autres neurones pour participer à la transmission de l'influx nerveux sont éliminés. De la même façon, l'individualisation des doigts des pieds et des mains chez les humains est due à l'activation très localisée du processus d'apoptose qui provoque la destruction des cellules interdigitales.

Mourir à petit feu

Ce processus d'apoptose est extrêmement important dans toutes les espèces vivantes. Chaque jour, dans l'anonymat le plus total, environ 10 milliards de nos cellules devenues inefficaces se sacrifient par le processus d'apoptose, chacune d'entre elles étant fort heureusement aussitôt remplacée par une nouvelle cellule performante. Ce taux de mort et de renaissance varie considérablement d'une cellule à l'autre ; alors que la vie d'une cellule qui tapisse la paroi de

(suite p. 70)

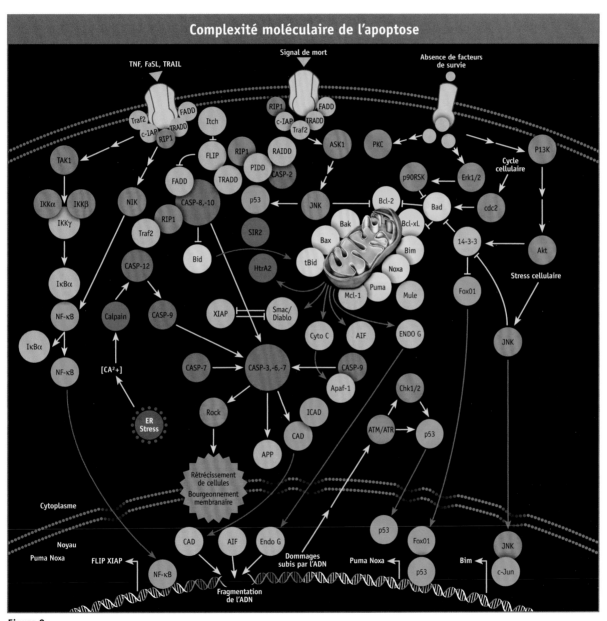

Figure 8

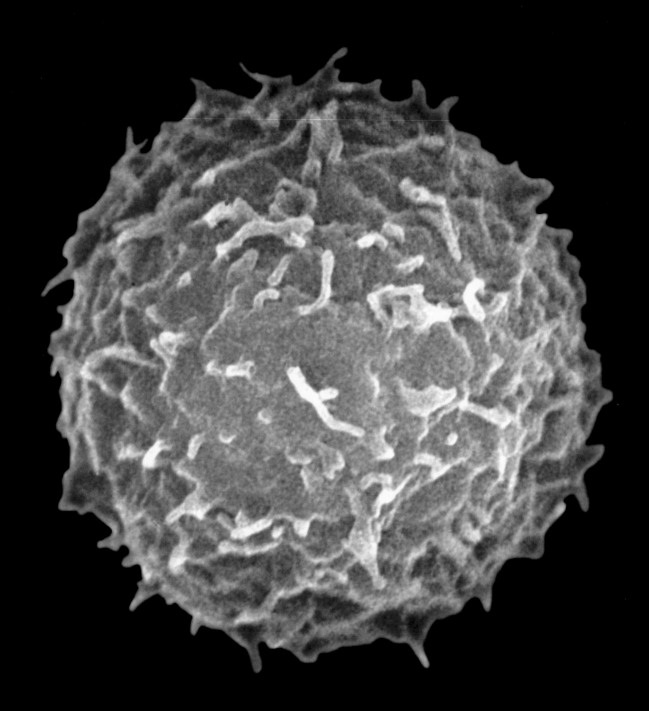

Globule blanc normal

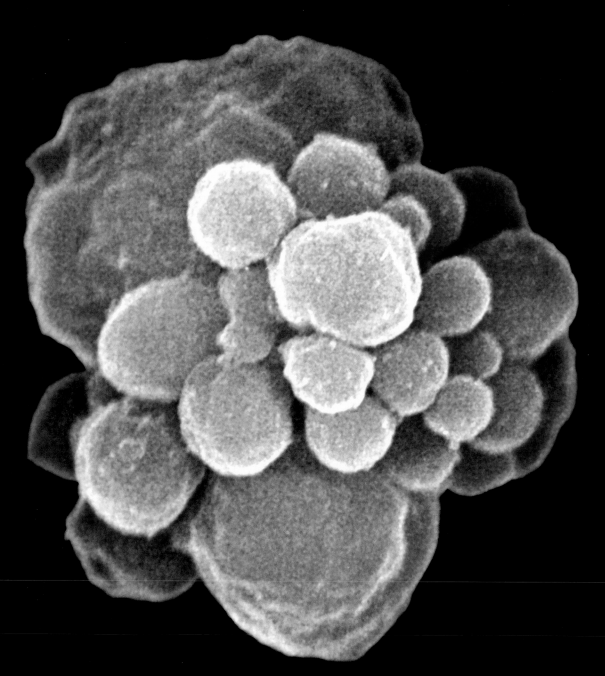

Globule blanc en apoptose

l'intestin ne dépasse pas cinq jours, le nombre de nos cellules nerveuses ne varie pas significativement au cours de notre vie (Figure 9). Ce renouvellement constant fait en sorte que la plupart des cellules de notre corps ont moins de dix ans et sont par conséquent beaucoup plus jeunes que nous. Il est donc normal de se sentir plus jeune que son âge !

Malgré son efficacité, ce potentiel de renouvellement est limité et s'amenuise avec le temps,

si bien que les fonctions physiologiques se détériorent graduellement. Cette longue série de « petites morts » qui se sont produites tout au long de l'existence atteint alors un point de non-retour, avec comme résultat inévitable une perte de plus en plus importante des fonctions vitales et, ultimement, la mort de l'organisme. En définitive, si nous mourons un jour, c'est parce que nous mourons un peu chaque jour.

La mort n'est évidemment pas un destin strictement réservé à l'espèce humaine ; tous les êtres vivants, qu'ils soient végétaux, insectes, poissons, oiseaux ou animaux plus complexes naissent, croissent et meurent selon un rythme qui leur est propre. D'un point de vue biologique, les phénomènes cellulaires et moléculaires qui mettent un terme à l'existence de n'importe quel organisme vivant sont exactement les mêmes que ceux qui sont à l'œuvre dans la mort humaine. Notre mort n'est pas une anomalie ni un destin injustement imposé à l'espèce humaine, mais la seule conclusion logique de l'existence. Cependant, nous percevons le passage du temps et l'inéluctabilité de la mort et nous utilisons ces facultés cérébrales pour nous interroger sur le sens de la vie et de la mort. Cette force qui nous a permis de devenir l'espèce dominante sur la Terre peut être aussi notre talon d'Achille, une source d'angoisse qui peut empoisonner l'existence. C'est la pensée qui génère la peur de la mort.

Des cellules à courte vie

Types de cellule	Durée de vie moyenne
Épithéliale (paroi de l'intestin)	5 jours
Rétine	10 jours
Peau	21-28 jours
Globule rouge	120 jours
Pneumocyte (poumon)	400-500 jours
Neurones	>60 ans

Figure 9

Chapitre 3

Vivre avec la conscience de la mort : entre l'espoir et la peur

Je ne veux pas atteindre l'immortalité grâce à mon œuvre.
Je veux atteindre l'immortalité en ne mourant pas.
Woody Allen (1935-)

Toutes les espèces vivantes cherchent à éviter la mort. Une simple bactérie mise en présence d'une substance toxique utilise un mécanisme complexe servant à modifier sa trajectoire pour éviter le danger ; une plante attaquée par un parasite déclenche la synthèse de substances toxiques pour neutraliser la menace ; l'antilope, près de l'étang, est constamment aux aguets pour repérer un éventuel prédateur tapi dans l'herbe haute, partagée entre l'envie de boire et la peur de mourir. Les êtres vivants sont toujours « inquiets » face à la mort, un instinct qui est inextricablement lié à la présence même de la vie sur la Terre.

Chez les animaux, la détection d'un danger (odeur de fumée, vue d'un prédateur, bruit de coup de feu) par les organes sensoriels (nez, œil, oreille) déclenche une alerte maximale du cerveau qui va amorcer une série de processus extrême-ment complexes appelés « réaction de combat-fuite ». En activant les glandes surrénales, le cerveau commande la libération dans le sang d'hormones d'action, comme l'adrénaline, de façon à augmenter le rythme respiratoire, les pulsations cardiaques, l'apport d'oxygène aux tissus, ainsi que le niveau d'éveil et d'attention cérébrale. Tous ces changements permettent de combattre ou de fuir rapidement le danger. C'est le stress biologique, essentiel à la survie de l'individu et, à travers lui, à celle de son espèce. Cette inquiétude face aux dangers potentiellement mortels n'est pas consciente mais sert la fonction de reproduction, c'est-à-dire vivre assez longtemps pour transmettre ses gènes à une descendance et protéger ses rejetons pendant qu'ils sont encore vulnérables.

D'où provient la véritable conscience de la mort ? Au cours des années 1970, le psychologue

Gordon Gallup a mis au point un test très simple pour mesurer la conscience de soi que possède un animal. Il s'agit d'apposer une marque colorée mais inodore sur la tête d'un animal et d'observer si ce dernier est capable de réagir à la présence de cette marque, c'est-à-dire de reconnaître son propre reflet dans un miroir comme une image de lui-même. Selon ce critère, très peu d'animaux font partie de ce que l'on pourrait qualifier d'« élite » du règne animal : les grands singes tels que les chimpanzés, les bonobos et les orangs-outans réussissent l'épreuve sans problème, tout comme les dauphins, les orques, ainsi que plusieurs éléphants. Même certains oiseaux de la famille des corvidés, telle la pie bavarde, y

parviennent, comme quoi une cervelle d'oiseau n'est parfois pas aussi vide que le dicton le laisserait penser !

En plus de dénoter un raisonnement et une intelligence clairement au-dessus de la moyenne, cette prise de conscience de soi par les animaux est également associée à l'apparition des premiers signes d'une perception de la réalité de la mort. En effet, plusieurs biologistes ont observé chez bon nombre de ces animaux « conscients » des comportements qui traduisent un désarroi certain face aux corps sans vie des membres de leur espèce, notamment l'existence de « veilles funéraires » au cours desquelles les dauphins, les chimpanzés ou les éléphants restent pendant plusieurs jours près de leurs compagnons morts. La conscience de la mort semble donc être une conséquence inévitable du développement de l'intelligence, l'expression d'une sensibilité rendue possible par une perception plus aiguë du monde environnant et des événements qui s'y déroulent.

Faire face à la mort

Le développement phénoménal du cerveau humain au cours de l'évolution coïncide avec l'apparition d'une conscience de la précarité de l'existence inégalée dans le monde vivant. Cette grande sensibilité face à la mort est d'ailleurs souvent considérée comme la véritable « signature » de notre espèce, la principale caractéristique qui nous distingue des autres animaux. De la même façon

que ce qui est observé chez les mammifères plus évolués, cette conscience de la mort est d'abord et avant tout une perception culturelle ; autrement dit, c'est la mort des autres qui nous met face à notre propre mortalité. Comme le mentionnait le romancier russe Ivan Bounine (1870-1953), si nous étions né et avions passé toute notre vie seul sur une île déserte, nous n'aurions même pas soupçonné l'existence de la mort.

Dans sa forme la plus simple, le passage de la vie à la mort était fondamentalement perçu comme une perte d'énergie qu'il était possible de contrecarrer en « absorbant » celle du défunt. En effet, une pratique funéraire apparue très tôt dans l'histoire de l'humanité consistait à manger le corps du disparu, un endocannibalisme révélé par la présence de traces de dépeçage et de broyage sur des ossements humains datant de l'époque préhistorique (100 000 ans et plus). Aussi horrible soit-il, ce cannibalisme rituel a été observé à maintes reprises dans plusieurs régions du monde (même à l'époque moderne). Il s'agit sans doute de l'expression d'un instinct de base, car de tels comportements, même s'ils demeurent rares, ont aussi été observés chez d'autres primates. Ce cannibalisme, évidemment marginal aujourd'hui, a toutefois fait l'objet de pratiques régulières, même à une époque récente (voir encadré p. 77), sans compter qu'il a quelquefois représenté l'unique moyen de survie pour des personnes soumises à des conditions extrêmes. Par exemple, à la suite de l'échouage du navire français *La Méduse* au large de la Mauritanie en 1815, une dizaine de

(suite p. 78)

^ Crâne d'un Néandertal

Cannibales à risques

La tribu des Fores, qui vit encore aujourd'hui sur les hauts plateaux de Papouasie-Nouvelle-Guinée, pratiquait un cannibalisme funéraire rituel au cours duquel les hommes mangeaient les muscles du défunt, symboles de force, tandis que les viscères et le cerveau, cuits à la vapeur, étaient réservés aux femmes et aux enfants. Malheureusement, une proportion significative des personnes consommant les viscères et le cerveau était touchée par le *kuru*, une maladie caractérisée par des tremblements (« *kuru* » signifie « trembler de peur » dans leur langue), une euphorie transitoire, suivie d'une dégradation spectaculaire de plusieurs fonctions neuromotrices (incontinence, déglutition, équilibre). Au cours des années 1950, une étude révéla que ces malades présentaient à l'autopsie des dommages considérables au cerveau, qui ressemblait à une véritable éponge (d'où le terme d'« encéphalopathie spongiforme »). Sans connaître l'agent infectieux responsable de cette pathologie, les chercheurs la soupçonnèrent d'être liée aux rites cannibales et, effectivement, l'arrêt de ces pratiques entraîna une réduction importante des cas. On sait aujourd'hui que cette maladie est similaire à la tremblante du mouton et à la maladie de la vache folle (encéphalopathie spongiforme bovine), deux maladies causées par la transmission d'agents infectieux appelés prions. Dans ce dernier cas, il y a également à l'origine de la maladie une forme de cannibalisme « animal », créé par l'industrie de l'élevage et lié à la présence de farines bovines dans l'alimentation des vaches.

Devenus fort heureusement très rares, des cas de cannibalisme font néanmoins épisodiquement surface, ce qui ne manque pas de susciter un mélange de stupeur et de dégoût. Parmi les plus célèbres, mentionnons Issei Sagawa, le « Japonais cannibale », arrêté après avoir dévoré 7 kg de chair d'une jeune Hollandaise afin d'« absorber son énergie »; Anna Zimmerman, qui assassina son copain, le démembra et en congela les morceaux qu'elle consomma au fur et à mesure avec ses enfants et, enfin, Armin Meiwes, le « cannibale de Rotenbourg », qui trouva sa victime simplement en faisant passer une annonce dans un journal : « Cherche jeune

< Théodore Géricault,
Le Radeau de la Méduse (détail)

> *Dépeçage et cuisson d'un ennemi*, tiré de *Americae Tertia Pars* de Théodore de Bry

homme bien proportionné pour le manger. Intérêt pour le cannibalisme et la tuerie demandé. » Après avoir sectionné et mangé (avec son consentement) le pénis de l'« heureux élu » (Bernd Jürgen Brandes), Meiwes tua ce dernier et en préleva 30 kg de viande qu'il congela pour pouvoir en manger à intervalles réguliers. « À chaque bouchée, mon souvenir de lui s'intensifiait », souligna le cannibale. Au cours de son procès, Meiwes prétendit qu'il se sentait plus stable depuis qu'il avait mangé sa victime, sans compter qu'il parlait beaucoup mieux anglais, conséquence qu'il attribuait au fait que Brandes le parlait. Les compagnons de cellule de Meiwes, condamné en 2006 à la réclusion à perpétuité, peuvent toutefois dormir sans crainte, car il s'est converti, dit-on, au végétarisme fin 2007…

soldats et marins ne parvinrent à survivre qu'en se nourrissant de leurs compagnons morts.

Cette vision très primitive de la mort s'est cependant (et heureusement !) rapidement complexifiée. En effet, très tôt dans l'histoire de l'humanité, la plupart des cultures ont élaboré une symbolique plus ou moins complexe destinée à marquer solennellement la séparation des morts d'avec la communauté des vivants. Il est évidemment impossible de connaître la nature exacte de ces premiers rituels, mais l'enfouissement délibéré des personnes décédées représente sans doute une façon de souligner ce passage de la vie vers la mort. Les découvertes archéologiques montrent la présence de telles sépultures dès l'aube de l'humanité. Le respect témoigné aux défunts s'est accru au fil du temps pour se traduire par l'érection de monuments funéraires de plus en plus majestueux (dolmens, tumuli, cairns), qu'on peut encore aujourd'hui admirer dans plusieurs régions du monde. Comme dans la nature où elle est le symbole universel de la naissance et de la vie, la terre représente également un puissant symbole de la mort : le retour du corps à la terre marque la fin d'un cycle et la promesse d'une nouvelle vie.

Un des aspects les plus fascinants de plusieurs sépultures préhistoriques est la présence de symboles suggérant que le retour du défunt à la terre pourrait effectivement se traduire par l'émergence d'une nouvelle vie. Objets usuels, armes, nourriture ou squelettes d'animaux domestiques ont été à maintes reprises trouvés près des dépouilles inhumées, preuves suggérant que l'on croyait en une existence se poursuivant

> Représentation d'un cheval sur une paroi de la grotte de Lascaux

< Un dolmen

de l'existence et part à la recherche du secret de la « vie-sans-fin ». Qu'une des premières traditions orales à être transcrite traite de la difficulté d'accepter la mort et de la recherche de l'immortalité montre que l'angoisse suscitée par la mort est une caractéristique fondamentale des humains, celle qui a exercé et exerce encore aujourd'hui une grande influence sur l'évolution de notre pensée.

Homo religiosus

Rien n'illustre mieux cette recherche constante d'un sens à la vie et à la mort que l'omniprésence des religions dans l'histoire de l'humanité. *Homo sapiens* est véritablement un *Homo religiosus*, car, aussi loin que l'on puisse retourner dans le passé, les humains ont toujours invoqué la participation de puissances supérieures pour parvenir à donner un certain sens autant à la mort qu'aux événements du monde qui les entoure. L'avènement de ce caractère religieux pourrait même être plus ancien que les civilisations elles-mêmes, puisque le plus vieux temple jamais mis au jour (Göbekli Tepe, situé en Turquie) a été construit il y a environ 12 000 ans, soit quelques milliers d'années avant l'apparition des premières cités.

dans un autre monde après la mort, ou du moins qu'on l'espérait. La nature de ce monde peut varier considérablement selon les époques et les cultures, mais cela marque néanmoins un changement majeur dans la perception de la mort: celle-ci n'est plus considérée strictement comme la fin de l'existence, mais plutôt comme le point de départ d'une autre vie.

Cette difficulté qu'ont les humains à accepter la mort et leur tendance innée à transcender cette issue fatale par la recherche de symboles qui justifient la pertinence de la vie tout en expliquant l'apparente absurdité de la mort est bien illustrée par l'épopée de Gilgamesh, un des plus anciens documents de l'histoire de l'humanité qui nous est parvenu de Mésopotamie. Écrite en cunéiforme sur des tablettes d'argile il y a plus de 6 000 ans, cette histoire raconte comment Gilgamesh, roi d'Uruk, inconsolable à la suite de la mort de son meilleur ami, ne peut accepter la finitude

<   Le site archéologique d'Uruk

∧   Fragment d'une table sur laquelle est inscrit le chant de Gilgamesh

>   Quelques sculptures de soldats sur le site de la tombe du premier empereur de Chine

Les facteurs qui sont à l'origine de l'émergence des croyances religieuses demeurent nébuleux, mais, chose certaine, la quantité extraordinaire de travail requis pour bâtir un tel lieu de culte (on estime qu'il a fallu de 200 à 300 ans pour déplacer des blocs de pierre pesant plusieurs tonnes sur des centaines de mètres) montre que l'expérience religieuse occupe depuis fort longtemps une place fondamentale dans la culture humaine.

Comme tous les autres aspects de la vie humaine qui font appel à la culture (art, fabrication d'outils, langage, cuisine), les pratiques religieuses ont considérablement varié selon les régions du monde et les époques. Au départ, les religions représentaient essentiellement une façon de proposer une explication rationnelle à des événements totalement inexplicables, surtout lorsque ceux-ci étaient associés à la souffrance et à la désolation. Que des puissances divines puissent être à l'origine du tonnerre, des tremblements de terre, de la sécheresse ou encore de morts prématurées permettait de donner une signification à ces épreuves, tout en ménageant une possibilité de modifier leur apparition en interpellant directement ces puissances, que ce soit par des incantations, des prières ou des sacrifices. La mise en place d'une pratique religieuse élaborée nécessite donc obligatoirement le développement d'un mode de communication avec les dieux. Même dans les religions très anciennes comme l'animisme (croyance selon laquelle tout ce qui existe, que ce soit un arbre, un vent, une pierre ou un animal, est doté d'une «âme»), la capacité

d'un chaman d'agir comme intermédiaire entre le monde d'ici-bas et celui de ces «âmes» et d'intercéder auprès d'elles afin d'améliorer la condition humaine (succès de la chasse, guérison) est une caractéristique essentielle de ce type de croyance.

Le développement des civilisations a joué un rôle capital dans l'émergence de nouvelles formes de religion, tant aux abords de la Méditerranée qu'en Asie. Ces religions étaient initialement polythéistes, avec des panthéons de dieux à figure humaine munis de divers attributs (foudre, arc, sabre) et dominés par un dieu supérieur, un peu à l'image de la société hiérarchisée qui se met en place à cette époque avec la fondation des cités-États. Si ces religions ont constitué la première forme d'expérience religieuse organisée, notamment avec l'apparition de lieux de culte

< Voyage du défunt vers l'au-delà, d'après le *Livre des morts égyptien*

> Masque funéraire de la tombe royale IV de Mycènes, Grèce

83

rent que le but ultime de l'existence terrestre est de parvenir à un salut dans l'au-delà. En ce sens, l'émergence de ces religions du salut apparaît comme une étape déterminante dans la perception humaine de la mort. Ainsi, la promesse que la vie humaine ne se termine pas dans la poussière et le néant mais se poursuit dans un monde meilleur est un message puissant susceptible d'atténuer les craintes suscitées par la fin de l'existence.

En Occident, dans les religions monothéistes dites abrahamiques (judaïsme, islam et christianisme), l'âme parvient à triompher de la mort et à accéder à la vie éternelle.

La mort sera un jour bannie à perpétuité et l'Éternel essuiera les larmes de tous les visages et les morts ressusciteront.

Isaïe 26:18

Et puis, après cela vous mourrez. Et puis au Jour de la Résurrection vous serez ressuscités.

Sourate 23, *Les Croyants* (Al-Muminune), versets 15-16

(oracles et temples grecs) et de prêtres, ce n'est cependant qu'aux environs du VIIIe siècle avant notre ère que les religions actuelles ont véritablement commencé à émerger, tout d'abord avec l'apparition du judaïsme en Méditerranée et du védisme en Inde, puis, quelques siècles plus tard, du christianisme, du bouddhisme et de l'islamisme. En dépit de différences majeures dans leurs rites ainsi que dans l'identité des dieux qu'elles honorent, ces religions considè-

En Orient, par contre, l'existence d'un dieu n'a pas la même dominance, c'est plutôt l'esprit qui habite l'homme, lequel doit chercher à accéder à la purification, à la perfection d'une vie qui lui donnera enfin la béatitude, le nirvana ou le satori, un état où désir, tension et anxiété n'existent plus, et où l'homme est enfin libéré de ses contingences. Cette purification requiert une succession de cycles, de passages ou de réincarnations qui, ultimement, permettront à l'esprit de quitter le monde matériel pour atteindre le nirvana.

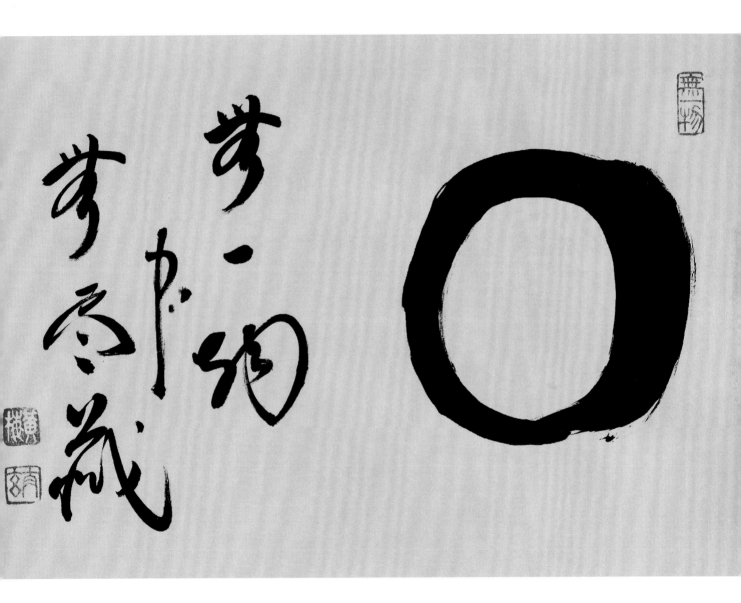

∧ Le cercle (Enso) est un des plus importants symboles du bouddhisme zen. Il illustre à la fois la force, l'illumination, l'univers et le vide. De par la difficulté de sa réalisation au pinceau sur un papier de riz très absorbant, il symbolise la concentration de l'esprit sur le moment présent, car son exécution technique est extrêmement complexe. Cette « expression du moment » est typique du zen et de l'importance de la concentration. Elle est une des multiples représentations de la dualité entre la vie et la mort et de la plénitude de l'existence, qui inclut la conscience de la mort.

La perspective de cette vie après la mort a également joué un rôle clé dans l'observation des codes éthiques imposés par les religions ; la peur d'être châtié et de ne pouvoir accéder à la vie éternelle représentait un puissant incitatif à obéir à ces règles. Il n'est donc pas étonnant que le concept d'enfer ait occupé une place primordiale dans les religions : que ce soit la descente de Dante à travers les 9 cercles de l'Enfer dans la *Divine Comédie*, la Géhenne des musulmans ou encore les 18 enfers bouddhiques, ces mondes infernaux ont tous pour fonction de faire souffrir terriblement (en général par le feu) les âmes de ceux qui ont commis des crimes et des péchés graves durant leur vie terrestre. Cette perspective terrifiante de « brûler en enfer » a contribué à maintenir l'ordre social en empêchant certains comportements déviants pour la société. L'importance historique des religions suggère que la crainte de la mort et l'ignorance des processus physiologiques qui lui sont associés ont joué un rôle crucial dans leur émergence et dans notre perception de la mort en général.

Mourir de peur

L'existence d'une vie *post-mortem* invisible pour les vivants laisse bien sûr beaucoup de latitude dans l'interprétation des événements qui se déroulent après la mort. Dans certaines cultures, les morts ont droit à une vie autonome, un peu comme si un double se détachait de la personne au moment

∧   Hieronymus Bosch, *Le Chariot de foin* (détail)

du décès et entreprenait une autre vie dans un monde propre aux défunts. Selon d'autres, cette vie prend la forme de fantômes ou d'esprits qui coexistent avec le monde des vivants et peuvent ainsi revenir s'immiscer à tout moment dans leurs actions. Cette dernière perspective n'a évidemment rien de rassurant, et ces croyances ont ainsi donné lieu à un large éventail de mythes, de légendes et de contes dans lesquels les revenants peuvent ruiner l'existence des vivants, surtout si leur mort comportait certains aspects sordides.

La survie des morts et leur présence continuelle dans un monde parallèle au nôtre a fait en sorte qu'à la crainte de la mort en général, déjà présente, s'est ajoutée la crainte des morts. Cette peur peut être observée très tôt dans l'histoire ; par exemple, chez certains indigènes d'Amérique de même que dans plusieurs régions d'Europe (notamment l'Alsace), les pieds des morts étaient liés avec des ficelles pour les empêcher de revenir hanter les vivants. De la même façon, au cours de l'âge du bronze, les sépultures étaient souvent recouvertes d'énormes monticules de pierres (tumuli) autour desquels des fossés étaient creusés, possiblement pour que les morts ne puissent rejoindre le monde des vivants. Des précautions destinées à empêcher un défunt de revenir pouvaient même être prises très tôt après le décès : sortie du mort pieds devant pour éviter qu'il ne « regarde » vers l'intérieur de la maison, fermeture des fenêtres pour bloquer son retour, pour n'en nommer que quelques-unes. On peut sourire aujourd'hui de ces croyances, mais elles dénotent néanmoins un réel malaise dont nous subissons encore l'influence, souvent bien inconsciemment. Ainsi, le fait d'éviter de parler en mal des morts, de ne retenir que les aspects positifs de leur existence, relève sans doute beaucoup d'une convention sociale qui dérive de la crainte qu'ils nous inspirent.

Renaissances morbides

Vampires, loups-garous, zombies et autres créatures d'outre-tombe sont une bonne illustration du malaise que la mort suscite en nous et du besoin de transcender cette peur par la création de personnages mythiques dont l'existence se situe à la frontière du vivant.

Même si ces mythes n'ont plus la même influence que par le passé et qu'ils doivent essentiellement leur survie à leur présence dans les livres ou les films « de peur », leurs origines demeurent cependant fascinantes, car elles montrent à quel point les humains ont besoin du surnaturel pour surmonter leur incompréhension et leur désarroi face à un phénomène aussi naturel que la mort.

> Gravure montrant un loup-garou dévorant une jeune femme

Une soif de sang

Symbole par excellence de la vie, le sang occupe depuis toujours une place primordiale dans plusieurs rituels religieux. Pour se purifier, les Perses s'aspergeaient du sang d'un animal sacrifié durant les rites qui entouraient le culte du dieu Mithra. À la même époque, les Grecs buvaient du sang animal mélangé à du vin au cours des rites célébrant Dionysos. Les Aztèques, quant à eux, véritablement obsédés par le pouvoir du sang, croyaient même que le soleil avait besoin de ce précieux liquide comme source d'énergie pour se déplacer dans le ciel. Le sang coulait d'ailleurs à flots dans le Mexique précolombien : plusieurs milliers de personnes y ont été égorgées pour satisfaire les « appétits » des dieux (ainsi que des empereurs !) et pour contenter les vivants qui croyaient recevoir en échange fertilité et immortalité. Même si de tels sacrifices sont totalement inimaginables aujourd'hui, la symbolique du sang comme vecteur de la vie demeure ancrée dans les traditions, comme en témoigne l'importance de la transsubstantiation du pain et du vin en chair et sang du Christ lors de l'Eucharistie dans la religion chrétienne.

Au-delà de ces symboles, la légende de vampires, êtres immortels qui puisent leur force vitale dans le sang d'autrui, semble avoir une origine biochimique. En effet, certains désordres physiologiques d'origine génétique présentent plusieurs caractéristiques attribuées aux vampires, en particulier une grande sensibilité au soleil. Ces désordres, appelés « porphyries », sont provoqués par un déficit de certaines enzymes impliquées dans la fabrication de l'hème, le pigment responsable de la fixation du fer par l'hémoglobine. En l'absence de ces enzymes, des pigments nommés « porphyrines » s'accumulent en quantité anormalement élevée dans les organes du corps, surtout au niveau du foie, de la moelle osseuse et de la peau. Ces porphyrines sont des pigments violet-rouge qui absorbent les rayons UV de la lumière et émettent des radicaux libres pouvant causer d'énormes dégâts aux tissus et entraîner l'apparition de plusieurs caractéristiques vampiriques. Dans la porphyrie cutanée tardive, l'absence d'une enzyme (l'uroporphyri-

∧   Rituel de sacrifice humain chez les Aztèques
(*Codex Magliabechiano*)

nogène décarboxylase) mène à une accumulation d'uroporphyrines, des molécules dont les propriétés fluorescentes provoquent une destruction de la peau et une coloration des dents et des ongles virant au rouge à la suite de l'exposition à la lumière du soleil. Les effets de la porphyrie érythropoïétique congénitale, une maladie très grave causée par l'absence de l'enzyme uroporphyrinogène cosynthétase, sont encore plus spectaculaires: le surplus de porphyrines cause des lésions non seulement à la peau, mais également à plusieurs tissus dont les gencives, ce qui a pour effet de faire ressortir les dents qui peuvent alors prendre l'apparence de crocs. Dans ce type de porphyrie, la présence d'une anomalie dans l'hémoglobine entraîne l'élimination pure et simple des globules rouges du sang et une grave anémie. En d'autres mots, certaines personnes atteintes de porphyries ont une peau très pâle et des dents de couleur rouge, et elles doivent éviter autant que possible la lumière du soleil. Il faut avouer que la ressemblance avec nos vampires fictifs est plus que troublante ! Sans compter que les porphyries peuvent en outre causer une croissance anormale des poils (hypertrichose) sur toutes les régions du corps, une pilosité qui a peut-être aussi joué un rôle dans l'émergence des légendes de loups-garous...

La contribution de ces phénomènes naturels à l'apparition des mythes de vampires et de loups-garous demeure nébuleuse, mais, chose certaine, ces morts vivants ont leur équivalent dans de très nombreuses cultures d'Europe, d'Afrique,

du Moyen-Orient et d'Asie. Que ce soit Ch'ing Shih en Chine ancienne, Kyuuketsuki au Japon, Pennaggalan en Malaisie, Kali en Inde et, bien entendu, les nombreux vampires d'Europe de l'Est (*oupyr*, *strigoi*, par exemple), toutes ces créatures pouvaient à l'occasion revenir parmi les vivants et se repaître de sang humain pour se régénérer.

Zombis

Dans la religion vaudoue, un zombi est un mort sorti de sa tombe et maintenu dans un état d'esclavage par la magie d'un *bokor* (sorcier). Selon la légende, la victime du sorcier est tout d'abord terrassée par un *coup de poudre*, une préparation qui provoque un tel ralentissement des fonctions physiologiques que la personne semble morte. Après avoir récupéré le corps enterré vivant, le *bokor* administre à sa victime une deuxième préparation qui la maintient dans un état de mort vivant, sans âme propre et complètement subjuguée. Des ethnobotanistes ont avancé que

(suite p. 92)

> Hommes déguisés en zombis lors d'un rituel vaudou en Haïti

Poison de poissons

Les poissons globes (tétrodons) doivent leur nom à l'étrange particularité qu'ils ont de remplir leur estomac d'eau et de gonfler lorsqu'ils se sentent menacés par un danger. En plus de cette parade défensive, tous les poissons globes contiennent de la tétrodotoxine, une molécule extrêmement toxique qui empêche l'entrée de sodium dans les neurones et provoque une paralysie musculaire complète en bloquant de façon irréversible la transmission de l'influx nerveux. La tétrodotoxine n'est pas produite par les poissons eux-mêmes, mais par certaines bactéries associées aux végétaux dont ils se nourrissent. Grâce à une mutation dans la structure du canal sodium, les tétraodons sont complètement immunisés contre cette toxine et celle-ci s'accumule dans le foie et les organes reproducteurs, sans causer d'effets néfastes. Il s'agit d'une symbiose particulièrement profitable pour les poissons, car la toxicité que leur confère le fort contenu en toxine les rend immangeables par les prédateurs !

Très répandus dans les mers du globe, les poissons globes sont particulièrement appréciés au Japon où un genre de cette famille, le *takifugu* (mieux connu sous le nom de « fugu »), occupe une place particulière dans la tradition culinaire de ce pays. Le plus populaire (et le plus dangereux) est le *torafugu* (*Takifugu rubripes*) : chaque poisson contient suffisamment de toxine pour tuer trente adultes. La consommation de fugu est strictement réglementée et seuls les chefs possédant une formation spéciale dans la préparation du poisson sont autorisés à le servir, généralement sous forme de sashimis tranchés si mince que le motif du plat de service demeure visible. Certains chefs particulièrement habiles préparent le poisson de façon qu'il contienne des traces de toxine et provoque un picotement et un engourdissement de la langue et des lèvres.

Plusieurs milliers de fois plus puissante que le cyanure, cette toxine ne pénètre pas dans le cerveau, de sorte qu'elle provoque une mort horrible par asphyxie : la personne demeure tout à fait consciente de la paralysie qui gagne graduellement l'ensemble de son corps. Dans certains cas, des victimes du fugu en apparence mortes se sont relevées quelques jours plus tard, juste avant la crémation du corps ! Pour éviter de telles cérémonies funèbres prématurées, les habitants de certaines régions du Japon avaient coutume de laisser la victime à côté de son cercueil pendant trois jours avant de procéder aux obsèques.

la profonde léthargie provoquée par le coup de poudre pouvait être due au mélange de tétrodotoxine, une puissante toxine dérivée d'un type de poisson globe (*Sphoeroides maculatus*), et de bufotoxine provenant du crapaud buffle (*Rhinella marina*). Il s'agit d'un cocktail pour le moins dangereux : la tétrodotoxine bloque la transmission de l'influx nerveux par les neurones, ce qui cause un arrêt des fonctions musculaires ainsi qu'une perte de contrôle des fonctions de base comme la régulation de la pression artérielle et de la température (voir encadré p. 91), alors que certaines bufotoxines telles que la bufoténine possèdent une structure similaire à celle de la psilocine (molécule active des champignons magiques) qui lui confère des propriétés hallucinogènes. Pour ce qui est de la deuxième potion qui permet d'asservir le mort vivant, on a suggéré qu'elle pouvait être fabriquée avec du datura stramoine (*Datura stramonium*), une solanacée extrêmement toxique qui contient un alcaloïde (la scopolamine) réputé provoquer des hallucinations cauchemardesques, une amnésie et des pertes de conscience. Même s'il est peu probable que ces poisons soient les seuls responsables de l'émergence du mythe des zombis et de son influence sur la culture vaudou au fil des siècles, particulièrement en Haïti, il n'en demeure pas moins intrigant que le datura stramoine soit nommé « concombre Zombi » dans ce pays et que l'utilisation de ce type de poisons à des fins de « zombification » soit expressément prohibée par le code pénal haïtien :

Art. 246.- Est qualifié d'empoisonnement tout attentat à la vie d'une personne, par l'effet de substances qui peuvent donner la mort plus ou moins promptement, de quelque manière que ces substances aient été employées ou administrées, et quelles qu'en aient été les suites.- C. pén. 240, 247, 262, 263, 334, 372.

Est aussi qualifié d'attentat à la vie d'une personne, par empoisonnement, l'emploi qui sera fait contre elle de substances qui, sans donner la mort, auront produit un état léthargique plus ou moins prolongé, de quelque manière que ces substances aient été employées et quelles qu'en aient été les suites.

Si, par suite de cet état léthargique, la personne a été inhumée, l'attentat sera qualifié d'assassinat.- C. pén. 241 et suivant. Ainsi mod. Loi 27 Oct. 1864.

À l'image des métamorphoses de la nature, où la vie succède sans cesse à la mort, la mort humaine est interprétée comme un passage vers un autre monde et le début d'une nouvelle vie. Notre attitude est donc ambivalente : mélange de peur, d'espoir et de fascination. La peur de la mort, comme nous l'avons souligné, est évidemment biologique, inscrite de façon indélébile dans nos gènes, et nous dicte des conduites d'évitement ou de combat nécessaires à la survie. L'espoir et la fascination de la mort, quant à eux, sont des comportements typiquement humains qui reflètent davantage l'incapacité de notre cerveau à accepter le caractère inéluctable de la disparition de ce que nous sommes en tant qu'individus.

Chapitre 4

L'usure du temps

On a beau avoir une santé de fer,
on finit toujours par rouiller.

Jacques Prévert (1900-1977)

L'amélioration spectaculaire des conditions d'hygiène, de la nutrition et du traitement des maladies infectieuses au cours du XXᵉ siècle a eu des répercussions extraordinaires sur l'espérance de vie de la population. Alors qu'en 1900, à peine 1 % de la population du globe était âgée de 65 ans ou plus, cette proportion était de 10 % en 2000 et pourrait même atteindre 20 % en 2050, avec pas moins de 2 milliards de « vieillards » peuplant alors la planète. À l'heure actuelle, un habitant de la Terre est âgé en moyenne de moins de 30 ans ; au moment de sa mort, cette moyenne sera de 50 ans : pour la première fois de toute l'histoire de l'humanité, la personne représentative de la majorité des individus ne sera donc plus un jeune adulte, mais un individu grisonnant, au visage légèrement ridé.

Un tel vieillissement de la population entraîne de nombreuses modifications sociales, la plus importante étant sans doute une détérioration significative de la qualité de vie chez un grand nombre de personnes vivant jusqu'à un âge qu'on n'atteignait pas par le passé. Ce n'est pas parce que l'on vit plus longtemps qu'on le fait nécessairement en bonne santé. Bien au contraire, l'augmentation de la longévité est malheureusement souvent associée à une hausse parallèle de l'incidence de nombreuses maladies chroniques qui contrecarrent les avantages que pourrait apporter une vie plus longue. Dans de telles conditions, atteindre un âge avancé ne présente pas réellement d'avantages, en particulier lorsque la santé précaire cause une perte d'autonomie et de multiples souffrances, autant physiques que psychologiques. La vieillesse apparaît alors plutôt comme une épreuve, un passage cruel vers la fin de la vie que l'on doit se résigner à subir en attendant la délivrance de la mort. Personne ne désire mourir ainsi et, pour un grand nombre, une bonne part de l'angoisse suscitée par la mort ne provient pas de la fin de l'existence en tant que telle, mais plutôt de la hantise de subir une telle perte de la qualité de vie avant de mourir.

Il ne faut cependant pas confondre vieillesse et maladies. Même si l'incidence de la grande majorité des maladies chroniques qui nous touchent augmente significativement avec l'âge, il reste qu'il est tout à fait possible de vieillir en bonne santé et de mourir naturellement, sans perdre de nombreuses belles années ni subir la longue agonie qui est souvent associée aux maladies chroniques. Un nombre impressionnant d'études effectuées au cours des dernières décennies montrent que le mode de vie typique des sociétés industrialisées, en particulier la nature de l'alimentation, l'obésité et la sédentarité, joue un rôle prédominant dans le développement de ces maladies et

dans la perte de la qualité de vie. En pratique, il est tout à fait possible de vieillir en bonne santé en adoptant quelques grands principes de vie qui réduisent considérablement le risque d'être touché par l'une ou l'autre des principales maladies chroniques (Figure 1).

L'apparente inévitabilité des maladies mortelles est souvent une excuse commode pour les personnes qui ne veulent pas modifier leurs habitudes de vie. Face au défi que représentent de tels changements, il n'est pas rare d'entendre que le jeu n'en vaut pas la chandelle, car « il faut bien mourir de quelque chose ». La réalité est pourtant différente : les maladies chroniques ne sont pas inévitables et il est au contraire tout à fait possible de rester vigoureux, au point de vue tant physique qu'intellectuel et émotif, jusqu'à très tard dans l'existence (Figure 2). À ce stade, la pression exercée par l'usure du temps sur les fonctions vitales fait en sorte que l'équilibre de l'organisme se désagrège rapidement, menant à une mort qui est souvent très rapide par usure intrinsèque ou par incapacité à combattre une agression de microorganismes (la pneumonie est une cause fréquente de mort chez les gens très âgés). Aussi paradoxal que cela puisse paraître, adopter de saines habitudes de façon à réduire les risques d'être touché par l'une ou l'autre de ces maladies débilitantes est donc non seulement une façon d'améliorer l'espérance et la qualité de la vie, mais également le meilleur moyen de mourir le plus dignement possible.

Les 5 règles d'or
de la prévention des maladies chroniques

1 Ne pas fumer

2 Maintenir un poids normal
(IMC entre 19 et 24)

3 Manger une abondance de produits végétaux, comme les fruits et légumes et les grains entiers

4 Être actif physiquement au moins 30 minutes par jour

5 Réduire la consommation de produits riches en sucre, en gras et en sel, en particulier ceux qui sont issus de l'industrie de la restauration rapide

Pourcentage de maladies chroniques pouvant être prévenues par les 5 changements dans les habitudes de vie

Diabète de type 2	**90 %**
Maladies cardiaques	**82 %**
Cancer	**70 %**
Accidents vasculaires cérébraux	**70 %**

Figure 1

Mathusalem modernes

Même si l'espérance de vie à la naissance a fait un bond spectaculaire au siècle dernier, passant de 47 à près de 80 ans (85 ans pour les femmes), la majeure partie de cette augmentation est associée à une baisse importante de la mortalité infantile et de celle liée aux maladies infectieuses. En pratique, le nombre de personnes très âgées (90 ans et plus) n'augmente que beaucoup plus lentement et demeure encore aujourd'hui un phénomène rarissime : on estime que seulement 1 personne sur 10 000, soit 0,01 % de la popula-

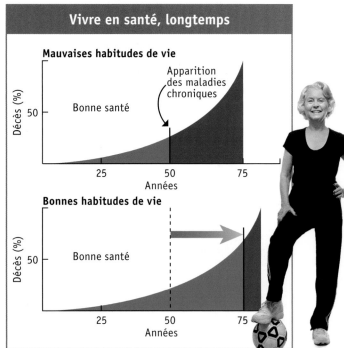

Vivre en santé, longtemps

Mauvaises habitudes de vie

Bonne santé

Apparition des maladies chroniques

Décès (%)

50

25   50   75
Années

Bonnes habitudes de vie

Bonne santé

Décès (%)

50

25   50   75
Années

Figure 2

∧   Jeanne Calment, la personne ayant vécu, à ce jour, le plus longtemps (122 ans, 164 jours)

tion, atteint l'âge de 100 ans et, parmi ces centenaires, seulement 1 sur 1 000 parviennent à fêter ses 110 ans. Le record absolu (connu) de longévité appartient à la Française Jeanne Calment, décédée à l'âge vénérable de 122 ans et 164 jours. Très active jusqu'à 110 ans (elle se déplaçait encore à bicyclette à 100 ans !), Mme Calment est restée en bonne santé jusqu'à un mois avant sa mort ; elle était surtout handicapée par la fragilité de ses os, ainsi que par la perte progressive de l'ouïe et de la vue. De telles longévités sont évidemment des cas exceptionnels. Néanmoins, elles illustrent de façon remarquable le potentiel du corps humain à soutenir les fonctions vitales jusqu'à un âge très avancé lorsqu'on parvient à éviter, ou au moins à retarder, l'apparition des maladies chroniques. D'ailleurs, il est intéressant de constater qu'à partir d'un âge très avancé (95 ans et plus), le taux de mortalité devient beaucoup plus faible que celui qui devrait être normalement observé (Figure 3) ; cette baisse est associée à une diminution du risque de certaines maladies (notamment le cancer) à ces âges.

Des autopsies réalisées chez des supercentenaires (110 ans et plus) ont révélé que les décès étaient causés non pas par les maladies typiques du vieillissement (cancer, MCV, Alzheimer), mais plutôt par une dégénérescence du cœur provoquée par l'accumulation de dépôts de certaines protéines qui, à la longue, finissent par obstruer

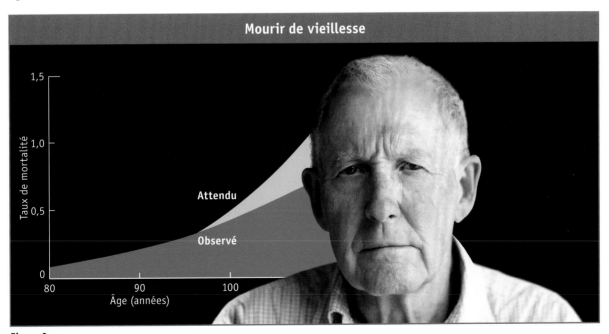

Figure 3

les vaisseaux irriguant l'organe. Un peu comme l'âge finit par avoir raison des tuyaux d'alimentation en eau d'une vieille maison ! Vieillir en bonne santé, c'est donc retarder au maximum l'apparition des maladies, de sorte que la perte de qualité de vie qu'elles entraînent soit circonscrite dans la plus petite période possible. En d'autres mots, les centenaires sont l'illustration éclatante qu'une belle mort représente très souvent la conclusion d'une vie en bonne santé.

Un processus radical

D'un point de vue biologique, le vieillissement est le résultat d'un compromis fait par les organismes qui doivent choisir entre la nécessité de survivre suffisamment longtemps pour se reproduire ou la dépense considérable d'énergie que requiert la défense contre les agressions incessantes qu'ils subissent. Privilégier les mécanismes de défense destinés à contrer ces agressions nécessiterait un investissement énergétique trop important pour permettre une reproduction efficace. À l'inverse, survivre seulement dans le but de se reproduire, ce que font des organismes simples comme les bactéries, implique le maintien d'une structure génétique et cellulaire la plus simple possible et empêche par le fait même le développement d'organismes complexes.

Le vieillissement est le résultat de l'accumulation graduelle, tout au long de la vie, d'une panoplie de dommages, au niveau cellulaire autant qu'au niveau moléculaire (Figure 4), menant à une fragilisation des systèmes biologiques, à leur mauvais fonctionnement et, ultimement, à la mort.

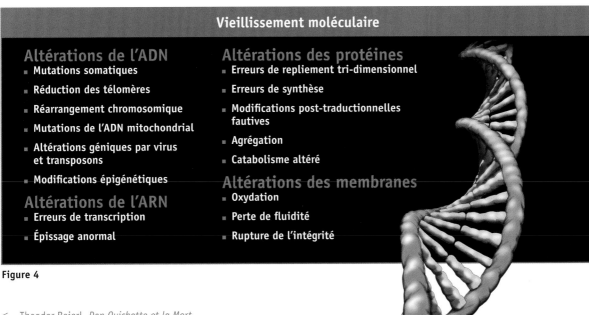

Vieillissement moléculaire

Altérations de l'ADN
- Mutations somatiques
- Réduction des télomères
- Réarrangement chromosomique
- Mutations de l'ADN mitochondrial
- Altérations géniques par virus et transposons
- Modifications épigénétiques

Altérations de l'ARN
- Erreurs de transcription
- Épissage anormal

Altérations des protéines
- Erreurs de repliement tri-dimensionnel
- Erreurs de synthèse
- Modifications post-traductionnelles fautives
- Agrégation
- Catabolisme altéré

Altérations des membranes
- Oxydation
- Perte de fluidité
- Rupture de l'intégrité

Figure 4

< Theodor Baierl, *Don Quichotte et la Mort*

Même si ces dommages se produisent de façon aléatoire et sont inévitables à l'échelle de la vie humaine, il reste que plusieurs facteurs déterminent la vitesse à laquelle ils peuvent altérer les fonctions cellulaires. Le premier facteur est lié à la capacité intrinsèque de réparer les dommages causés à notre matériel génétique ou à d'autres constituants des cellules à l'aide de certains systèmes de défense présents de façon constitutive dans nos cellules. Ces mécanismes de pro-

tection, transmis par l'hérédité, sont les grands responsables de la composante génétique associée à la longévité : on estime qu'environ le tiers des personnes qui atteignent un âge avancé le doivent essentiellement à un bon « tirage » dans la loterie du pool génétique de l'espèce humaine. Les membres de certaines familles, par exemple, vivent beaucoup plus longtemps que la population en général. Ainsi, le frère d'une personne centenaire a 17 fois plus de chances d'atteindre lui aussi

∧ Norman Vaughan, 88 ans, escalade en Antarctique le sommet d'un mont qui porte aujourd'hui son nom

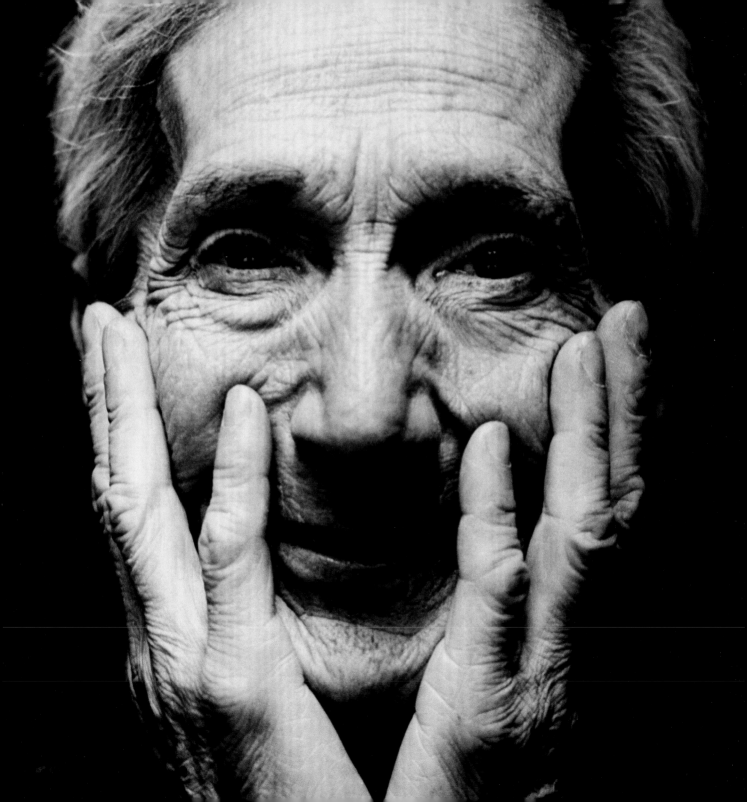

l'âge de 100 ans. Des études ont montré que bon nombre de ces familles possèdent des formes plus actives d'enzymes impliquées dans la réparation de l'ADN. Chez d'autres, ce sont plutôt des gènes impliqués dans le transport et le métabolisme du cholestérol HDL qui semblent en cause. À l'inverse, il y a des personnes malchanceuses qui héritent de formes déficientes de certaines enzymes de réparation de l'ADN et qui vieillissent prématurément. Dans le syndrome de Werner, notamment, une simple mutation dans un gène essentiel au maintien de l'intégrité de l'ADN provoque une accélération remarquable du processus de vieillissement, de sorte que les personnes touchées présentent dès le début de l'âge adulte des signes habituellement observés chez des personnes beaucoup plus âgées (perte de cheveux, cataractes, etc.). Ces personnes décèdent très souvent avant d'atteindre la cinquantaine, généralement des suites d'un cancer ou d'une maladie cardiovasculaire.

L'importance de ces systèmes de protection est due à l'assaut constant que subissent les constituants de nos cellules par des dérivés de l'oxygène produits au cours du fonctionnement normal de nos organes. Même s'il est essentiel à la vie, l'oxygène n'en demeure pas moins une substance capricieuse qui peut réagir avec plusieurs molécules lorsqu'elle est activée. La plupart du temps, le produit de ces réactions est positif. Par exemple, quand les cellules absorbent du glucose ou des gras, la conversion de l'énergie contenue dans ces molécules en ATP requiert la présence d'oxygène (voir chapitre 2). La mécanique impliquée dans cette transformation n'est cependant pas parfaite et une certaine quantité de « déchets », appelés « radicaux libres », se forment en parallèle (Figure 5). Ces dérivés possèdent un fort pouvoir oxydant et peuvent attaquer les structures situées à proximité, selon un processus analogue, d'une certaine façon, à la corrosion qui provoque la formation de rouille sur le métal. Même si la plupart de ces radicaux libres sont transformés en molécules tout à fait inoffensives grâce à nos systèmes de protection, notamment la superoxyde dismutase (SOD), certains réussissent à échapper à leur vigilance et à provoquer des dommages, notamment à notre matériel génétique. Ce phénomène est loin d'être marginal, puisqu'on estime que, chaque jour, notre ADN subit 10 000 attaques de radicaux libres. En d'autres mots, nous rouillons de l'intérieur de nos cellules !

Plusieurs données expérimentales montrent que le vieillissement et bon nombre de maladies qui apparaissent avec l'âge (cancer, MCV, Alzheimer) sont en partie causés par ces attaques soutenues des radicaux libres et que la réduction de ces effets toxiques est essentielle pour vivre longtemps et en bonne santé. La découverte que les aliments d'origine végétale contiennent de fortes quantités d'antioxydants, c'est-à-dire des molécules qui possèdent la propriété de neutraliser les effets des radicaux libres, suggère que les effets positifs de ces aliments sur la réduction des maladies chroniques reposent en partie sur ces propriétés antioxydantes.

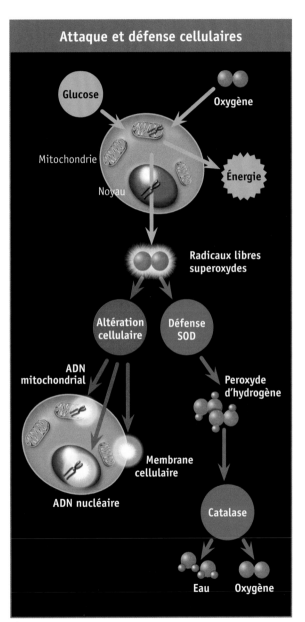

Figure 5

Restriction calorique

On sait depuis près d'un siècle que des animaux qui absorbent moins de calories (sans toutefois subir de carences nutritionnelles en éléments essentiels) vivent beaucoup plus longtemps que ceux qui ingurgitent de plus grandes quantités de nourriture. Chez les souris, par exemple, une réduction de 30 % de l'apport calorique provoque une augmentation de 40 % de la longévité, due en grande partie à une réduction importante de maladies cardiovasculaires, de cancers et de maladies neurodégénératives. Des effets similaires de la restriction calorique ont été observés à de multiples reprises chez de nombreux animaux (vers, mouches, poissons) et même, plus récemment, chez les primates. Ce dernier cas est particulièrement intéressant étant donné la proximité évolutive de ces animaux avec l'espèce humaine : les singes soumis à une restriction de l'apport calorique se distinguent par leur plus grande vivacité, une peau plus élastique et un excellent profil sanguin de lipides et de sucre comparativement à ceux qui mangent davantage. Ces derniers présentent plusieurs signes typiques du vieillissement, notamment une perte de poils, l'apparition de rides et des taux élevés de lipides et de sucre dans le sang.

La restriction calorique entraîne nécessairement une perte de poids, mais ses effets bénéfiques vont bien au-delà des avantages que peut présenter le maintien d'un poids santé. Il est probable que l'amélioration spectaculaire de la qualité et de l'espérance de vie qui découle de la réduction de l'apport calorique soit associée à une plus faible production de radicaux libres. En effet, la diminution de nourriture fait en sorte que les mitochondries utilisent moins d'oxygène et transforment plus efficacement l'énergie en ATP, ce qui se solde dans les deux cas par une plus faible production de radicaux libres.

Cependant, on sait maintenant que les répercussions de la restriction calorique sur la longévité sont beaucoup plus complexes, car celle-ci active aussi certains systèmes de défense impliqués dans la réponse au stress, principalement ceux qui comprennent une classe de protéines appelées

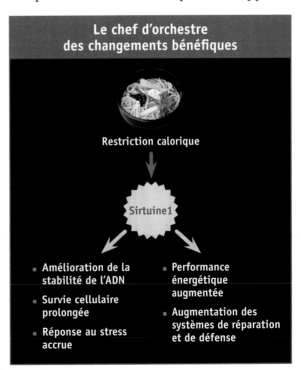

Le chef d'orchestre des changements bénéfiques

Restriction calorique

Sirtuine1

■ Amélioration de la stabilité de l'ADN
■ Survie cellulaire prolongée
■ Réponse au stress accrue

■ Performance énergétique augmentée
■ Augmentation des systèmes de réparation et de défense

Figure 6

« sirtuines ». L'activation de ces enzymes provoque une panoplie d'effets positifs qui, collectivement, réduisent le vieillissement cellulaire (Figure 6). Ces enzymes permettent notamment à certaines régions particulièrement vulnérables de l'ADN d'adopter une organisation plus compacte qui réduit leur sensibilité aux agressions extérieures.

L'une des découvertes les plus excitantes de la recherche sur le vieillissement est l'observation de certaines molécules capables d'activer ces mécanismes de survie et d'ainsi mimer les effets de la restriction calorique. Par exemple, l'activation de certaines sirtuines par le resvératrol, un polyphénol très abondant dans le vin rouge, provoque une hausse impressionnante de la longévité d'organismes simples comme la levure, les vers et même plusieurs espèces de poissons. La création de molécules semblables au resvératrol, et pouvant donc améliorer l'espérance de vie, constitue actuellement un domaine de recherche très actif. Si ces recherches étaient couronnées de succès, il va sans dire qu'une telle « fontaine de Jouvence » moléculaire pourrait avoir des répercussions extraordinaires sur la longévité de l'espèce humaine.

Pertes coûteuses

Tout au long de notre vie, les cellules qui composent notre corps doivent constamment se renouveler pour maintenir le bon fonctionnement de nos organes (voir chapitre 2). Il s'agit d'un processus d'une incroyable complexité au cours duquel les quelque 3 milliards de constituants (nucléotides) de notre matériel génétique (ADN), organisés en 23 paires distinctes de chromosomes, doivent être fidèlement copiés pour être transmis aux cellules filles. Ce mécanisme fonctionne très bien dans l'ensemble, mais il possède néanmoins un « vice de fonctionnement » intrinsèque : il est incapable de copier l'ADN situé à chaque extrémité des chromosomes, des régions appelées « télomères » (Figure 7). En conséquence, chaque fois qu'une cellule copie son matériel génétique pour se diviser, il y a perte irrémédiable des extrémités des chromosomes (Figure 8). Malheureusement,

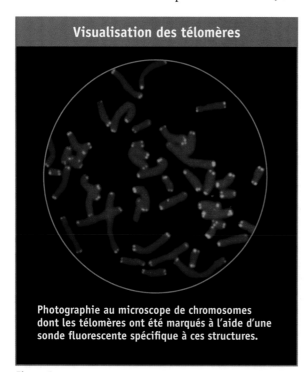

Visualisation des télomères

Photographie au microscope de chromosomes dont les télomères ont été marqués à l'aide d'une sonde fluorescente spécifique à ces structures.

Figure 7

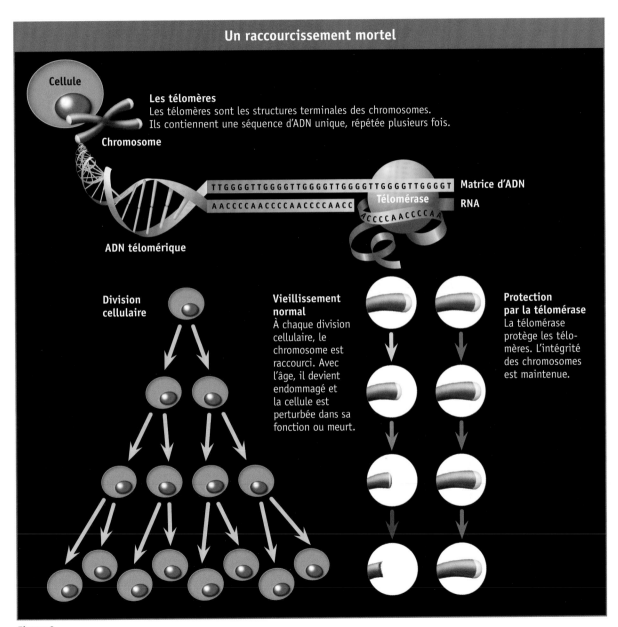

Figure 8

lorsque, au fil du temps, ces télomères continuent de raccourcir pour finalement atteindre une longueur critique, la cellule, incapable de se régénérer, meurt. La perte graduelle des télomères est un facteur clé dans le vieillissement de notre organisme et dans notre espérance de vie.

L'importance des télomères est bien illustrée dans le développement du cancer. Alors que les cellules normales ont une durée de vie limitée, une des caractéristiques fondamentales des cellules cancéreuses est leur immortalité, c'est-à-dire leur capacité à se reproduire indéfiniment. Un de leurs moyens privilégiés pour acquérir cette immortalité consiste à mettre en place des systèmes destinés à contrecarrer la perte des télomères : dans la grande majorité des cancers, les cellules tumorales synthétisent la télomérase, une enzyme capable de régénérer les télomères qui n'ont pas été copiés par la machinerie de réplication. Grâce à cette enzyme, les cellules cancéreuses parviennent à maintenir l'intégrité des chromosomes même si elles se divisent à un rythme effréné (Figure 8).

Si la perte des télomères semble inévitable pour les cellules normales, il n'en demeure pas moins que ce phénomène peut être significativement modulé par certains aspects du mode de vie. Par exemple, des études récentes suggèrent que l'adoption d'un mode de vie actif, combiné avec une alimentation riche en aliments d'origine végétale, ralentit la perte des télomères en augmentant considérablement l'activité de la télomérase.

Même si le vieillissement est un processus inexorable, on peut cependant le ralentir en maximisant le capital santé que la nature nous a octroyé et ainsi éviter les maladies chroniques débilitantes. Il est véritablement possible de mourir de vieillesse, d'atteindre un stade où l'usure du temps a fait son œuvre et où l'incroyable flux d'énergie nécessaire au maintien des fonctions vitales se tarit et devient insuffisant pour orchestrer cette magnifique symphonie que l'on appelle la vie. Même si la perspective de mourir ne réjouit personne, terminer l'existence à un âge avancé après une vie bien remplie est beaucoup plus facile à accepter. C'est surtout la perspective de mourir prématurément et de souffrir qui est terrifiante, et cette peur est souvent associée aux maladies chroniques.

> Laurits Andersen Ring, *Vieillard marchant dans un champ de seigle* (détail)

Chapitre 5

Mourir à petit feu

Je n'ai pas peur de la mort.
Ce qui me terrifie, c'est l'approche de la mort.
Oscar Wilde, *Le Portrait de Dorian Gray* (1890)

Être en bonne santé requiert l'action coordonnée de tous les organes du corps, chacun d'eux devant être constamment à l'écoute des besoins des autres de façon à maintenir un équilibre optimal, capable de soutenir adéquatement les fonctions de l'organisme. La mécanique impliquée dans le maintien de la santé n'est cependant pas parfaite, comme en témoigne le nombre impressionnant de désordres pouvant affecter l'un ou l'autre de nos organes et causer des maladies graves qui mettent notre vie en danger. Treize mille six cents maladies touchant l'ensemble des systèmes physiologiques du corps humain ont été jusqu'à présent répertoriées par l'Organisation mondiale de la santé (OMS) et, qu'elles soient héréditaires, liées au mode de vie ou provoquées par des facteurs externes (accidents et autres), leur immense diversité donne la mesure du défi que doit relever la médecine moderne dans ses tentatives d'améliorer la santé de la population (Figure 1).

Au Canada, comme dans la plupart des autres pays industrialisés, les principales causes de mortalité découlent de la forte incidence de maladies chroniques qui frappent de plein fouet les populations. Le cancer, les maladies cardiovasculaires, les maladies pulmonaires, le diabète ou encore des maladies neurodégénératives comme la maladie d'Alzheimer sont responsables à eux seuls de plus des deux tiers des décès enregistrés chaque année (Figure 2).

Malheureusement, ces maladies surviennent trop souvent de façon prématurée, hypothéquant plusieurs années de vie en bonne santé. Comme nous l'avons mentionné dans le chapitre précédent, il est possible de retarder l'apparition de ces maladies en adoptant de bonnes habitudes de vie, notamment en évitant le tabagisme, en prêtant une attention particulière à ce que nous mangeons et en ayant une activité physique régulière pour éviter le surpoids. Ces précautions ne peuvent prétendre éliminer complètement le risque d'être touché par ces maladies, surtout à un âge avancé. Cependant, en permettant de retarder significativement leur apparition, cette approche préventive peut augmenter considérablement la qualité de vie tout en réduisant la durée de la période de maladie et de souffrance qui précède très souvent la fin de la vie.

Les maladies chroniques requièrent également une approche thérapeutique complexe et coûteuse, ne pouvant être mise en place qu'en milieu hospitalier. Outre la pression énorme qu'elles exercent sur le financement et le fonctionnement des systèmes de santé, la forte incidence de ces maladies a des répercussions majeures sur le processus même de la mort: alors qu'il s'agissait autrefois d'une épreuve personnelle, vécue dans l'intimité de l'entourage immédiat, plus de 80% des décès actuels surviennent en milieu hospitalier, entraînant une médicalisation de la mort qui redéfinit complètement le contexte social entourant les derniers

Classification internationale des maladies

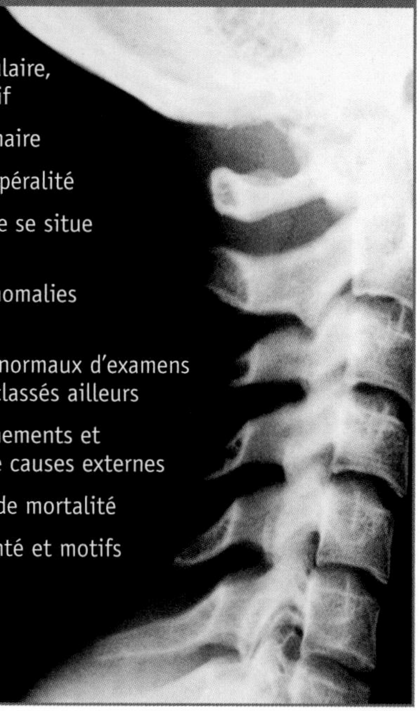

- Certaines maladies infectieuses et parasitaires
- Tumeurs
- Maladies du sang et des organes hémato-poïétiques et certains troubles du système immunitaire
- Maladies endocriniennes, nutritionnelles et métaboliques
- Troubles mentaux et du comportement
- Maladies du système nerveux
- Maladies de l'œil et de ses annexes
- Maladies de l'oreille et de l'apophyse mastoïde
- Maladies de l'appareil circulatoire
- Maladies de l'appareil respiratoire
- Maladies de l'appareil digestif
- Maladies de la peau et du tissu cellulaire sous-cutané

- Maladies du système ostéo-articulaire, des muscles et du tissu conjonctif
- Maladies de l'appareil génito-urinaire
- Grossesse, accouchement et puerpéralité
- Certaines affections dont l'origine se situe dans la période périnatale
- Malformations congénitales et anomalies chromosomiques
- Symptômes, signes et résultats anormaux d'examens cliniques et de laboratoire, non classés ailleurs
- Lésions traumatiques, empoisonnements et certaines autres conséquences de causes externes
- Causes externes de morbidité et de mortalité
- Facteurs influant sur l'état de santé et motifs de recours aux services de santé

Figure 1

Source: fr.wikipedia.org/wiki/Classification_internationale_des_maladies

instants de l'existence. On peut donc considérer la mortalité causée par les maladies chroniques comme la version « moderne » de la mort, dont il est important de comprendre les mécanismes si l'on veut mieux apprivoiser les facteurs qui provoquent la fin de l'existence.

Une circulation problématique

Mourir d'une crise cardiaque ou d'un accident vasculaire cérébral (AVC) est souvent considéré comme l'archétype de la « belle mort », l'événement fatal qui frappe subitement et provoque une mort rapide, sans souffrances interminables. Il y a une part de vérité dans cette perception, car ces deux événements peuvent en effet être des tueurs extrêmement efficaces de par leur capacité à bloquer de façon quasi instantanée l'arrivée d'oxygène dans deux organes essentiels qui dépendent le plus de ce précieux gaz : le cœur et le cerveau.

Malgré leur caractère souvent foudroyant, ces morts ne représentent généralement que la conclusion d'un long processus de détérioration des vaisseaux sanguins, processus au cours

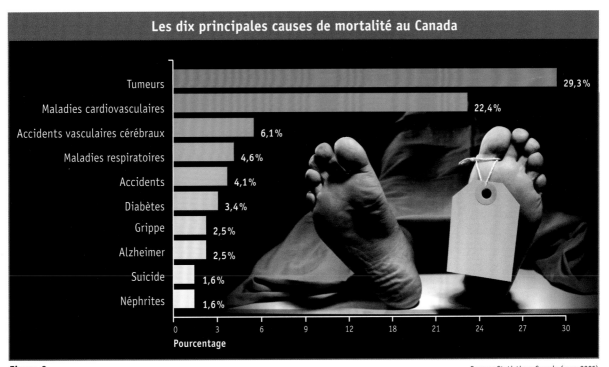

Les dix principales causes de mortalité au Canada

Cause	Pourcentage
Tumeurs	29,3 %
Maladies cardiovasculaires	22,4 %
Accidents vasculaires cérébraux	6,1 %
Maladies respiratoires	4,6 %
Accidents	4,1 %
Diabètes	3,4 %
Grippe	2,5 %
Alzheimer	2,5 %
Suicide	1,6 %
Néphrites	1,6 %

Figure 2

Source : Statistique Canada (pour 2005)

duquel l'accumulation graduelle de cholestérol et de diverses autres composantes provoque la formation de plaques d'athérome qui réduisent progressivement la capacité du sang à circuler vers sa destination (Figure 3).

Lorsque ces plaques s'effritent, la lésion qui se forme sur la paroi du vaisseau sanguin est interprétée par nos systèmes de défense comme une blessure à réparer. Cela occasionne la formation d'un caillot sanguin qui obstrue complètement le vaisseau, empêchant l'oxygène d'atteindre les organes cibles. Une crise cardiaque ou un AVC, que l'on appelle maladies ischémiques (du grec *ischein*, retenir, et *haima*, sang), résultent d'une véritable strangulation des vaisseaux, qui provoque une carence subite en oxygène.

Infarctus du myocarde

Même si son incidence a considérablement diminué au cours des dernières décennies grâce à la prévention et au progrès de l'intervention thérapeutique, la crise cardiaque, ou infarctus du myocarde, demeure l'événement cardiovasculaire le plus commun et souvent le plus mortel : environ le tiers des patients succombent à un infarctus, la plupart du temps dans les quelques heures qui suivent le début de la crise. Cette issue fatale est due au fait que les vaisseaux bloqués à la suite de la rupture des plaques d'athérome sont les artères coronaires, vaisseaux ayant pour fonction d'apporter l'oxygène et les nutriments aux cellules musculaires du cœur. Privées d'oxygène,

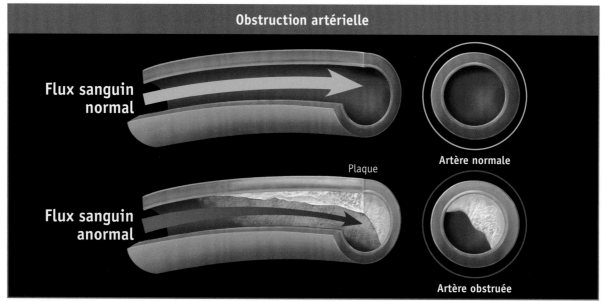

Obstruction artérielle

Flux sanguin normal

Flux sanguin anormal

Plaque

Artère normale

Artère obstruée

Figure 3

Source : www.pdrhealth.com

celles-ci meurent, ne pouvant plus provoquer les contractions nécessaires au fonctionnement du cœur. Selon l'étendue des dommages causés par l'hypoxie, la mort peut rapidement survenir après cet arrêt de la circulation sanguine (Figure 4).

Ces morts subites sont très souvent la première manifestation d'un problème cardiaque, la plupart des personnes touchées ne présentant aucun symptôme qui laisse entrevoir une fin aussi abrupte de leur existence. Chez les personnes jeunes (moins de 35 ans) et en bonne forme physique, les morts cardiaques subites sont principalement dues à des désordres congénitaux comme les cardiomyopathies hypertrophiques, maladies caractérisées par des altérations de la structure du tissu musculaire cardiaque. Chez les personnes plus âgées, cependant, l'immense majorité de ces morts subites peuvent être prévenues, car elles sont la conséquence de maladies coronariennes dont le développement est directement lié au mode de vie, en particulier au tabagisme, à l'alimentation et à l'inactivité physique.

Si ces morts subites peuvent survenir à tout moment, les émotions intenses sont sans doute, chez les personnes présentant une prédisposition, le déclencheur le plus spectaculaire de dysfonctionnement cardiaque. La colère, la peur ou une grande émotion (positive ou négative) provoquent une activation excessive du système nerveux adrénergique, qui peut entraîner une accélération anormale du rythme cardiaque (tachycardie ventriculaire) ou une contraction chaotique du cœur (fibrillation ventriculaire), tous ces facteurs

augmentant considérablement le risque de mort subite. Les répercussions d'un grand stress émotionnel sont bien illustrées par l'augmentation significative de morts soudaines lors d'événements dramatiques comme les catastrophes naturelles. Par exemple, l'analyse des décès survenus durant le violent tremblement de terre qui a secoué le sud de la Californie en janvier 1994 a montré que le nombre de personnes mortes subitement dans les heures suivant le cataclysme était cinq fois plus élevé que la normale.

Plusieurs aspects du stress émotionnel intense sont liés aux maladies cardiaques. Dans la dysfonction ventriculaire gauche, qui se produit surtout chez les femmes âgées, une expérience traumatique ou émotionnellement stressante

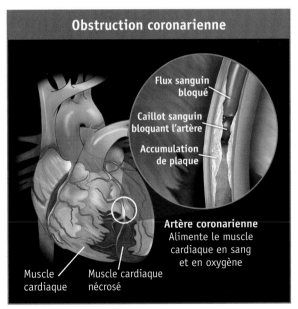

Figure 4
Source : www.pdrhealth.com

entraîne une hausse des catécholamines qui cause une douleur subite dans la poitrine et un manque de souffle. Pour l'ischémie du myocarde, à la suite d'un stress intense, certaines personnes peuvent avoir des épisodes ischémiques, même si les tests cliniques et d'exercice sont négatifs. De la même manière, des émotions intenses peuvent provoquer des arythmies ventriculaires dans environ 20 % des cas cliniques.

Accidents vasculaires cérébraux (AVC)

Troisième cause de mortalité dans les pays industrialisés, les accidents vasculaires cérébraux (AVC) sont provoqués par une interruption subite de la circulation sanguine dans le cerveau à la suite du blocage ou de la rupture d'un vaisseau qui irrigue les cellules cérébrales. Comme pour le cœur, cet événement est souvent fatal, car une alimentation constante en sang est absolument essentielle pour permettre aux neurones de recevoir l'oxygène et les nutriments dont dépend leur bon fonctionnement : quelques minutes seulement après l'arrêt de la circulation, ces cellules commencent à être irrémédiablement endommagées et perdent rapidement la capacité de transmettre un signal nerveux. Le cerveau n'est pas seulement le centre de la pensée et de l'intelligence ; il agit également comme le haut commandement qui contrôle l'ensemble des processus moteurs conscients (parole...) ou involontaires (respiration...). C'est d'ailleurs pour cette raison qu'un des premiers symptômes d'AVC est un engourdissement, une perte de sensation ou encore de fonction dans certaines régions du corps, facteurs attribuables à cet arrêt de transmission de l'influx nerveux. Si la région du cerveau touchée par la carence est essentielle à une fonction physiologique de base, par exemple le contrôle de la respiration, les conséquences sont fatales et la personne peut rapidement mourir. Lorsque le blocage affecte d'autres régions cérébrales moins essentielles à la survie, les personnes peuvent survivre, mais la

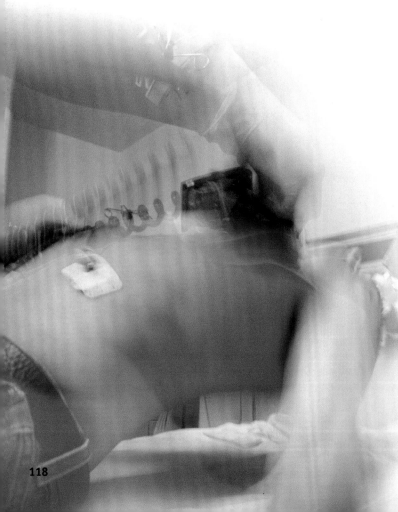

< Utilisation d'un défibrillateur cardiaque sur un patient

> Microscopie électronique de globules rouges (rouge) agglomérés avec la fibrine (gris) pour former un caillot sanguin

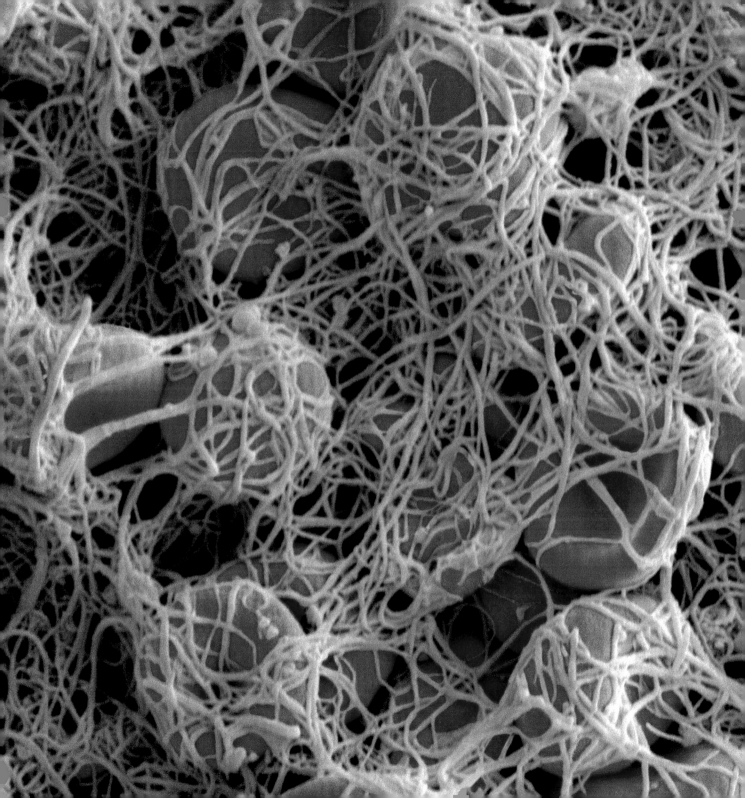

plupart du temps au détriment de certaines fonctions de base (élocution, mobilité). Généralement, environ le quart des personnes touchées par un AVC meurent dans l'année qui suit (Figure 5) et la plupart de celles qui survivent restent gravement handicapées.

Les AVC ont été initialement décrits par Hippocrate il y a 2400 ans sous le nom d'« apoplexie » (du grec « frappé avec violence »), en référence à la mort ou à la paralysie soudaine des personnes frappées par ces maladies. L'origine et la nature exacte de cette apoplexie ont longtemps échappé à la compréhension des médecins et ce n'est qu'au XVIIe siècle que le Suisse Jacob Wepfer explique dans son *Historiae apoplecticorum* (1658) qu'elle

est associée à des saignements au niveau du cerveau ainsi qu'à un blocage des vaisseaux qui irriguent cet organe.

L'arrêt de la circulation sanguine dans le cerveau peut être effectivement causé par deux types distincts d'AVC, soit les accidents *ischémiques* (aussi appelés « infarctus cérébraux ») et les accidents *hémorragiques*. Les accidents ischémiques, de loin les plus communs, représentent 80 % des cas, mais les hémorragies cérébrales (20 %) sont les plus meurtrières.

L'ischémie cérébrale se produit à la suite du blocage d'un vaisseau sanguin du cerveau ou du cou qui empêche l'arrivée du sang dans une région du cerveau. Comme pour l'infarctus du

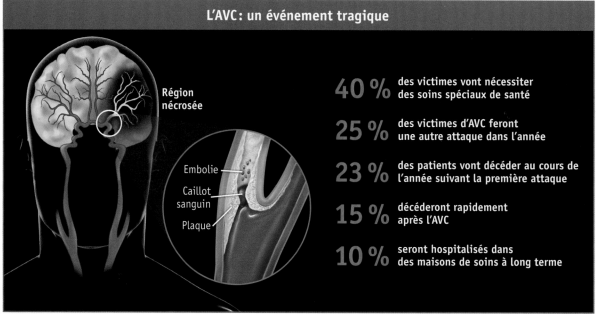

L'AVC : un événement tragique

Région nécrosée

Embolie
Caillot sanguin
Plaque

40 % des victimes vont nécessiter des soins spéciaux de santé

25 % des victimes d'AVC feront une autre attaque dans l'année

23 % des patients vont décéder au cours de l'année suivant la première attaque

15 % décéderont rapidement après l'AVC

10 % seront hospitalisés dans des maisons de soins à long terme

Figure 5

Source : www.pdrhealth.com

myocarde, cette occlusion est généralement une conséquence de la rupture d'une plaque au niveau de la paroi du vaisseau entraînant la formation d'un caillot (thrombus) qui bloque complètement la circulation sanguine. Ces caillots peuvent également être formés par des débris provenant d'artères situées dans une autre région du corps et qui sont transportés par la circulation sanguine jusqu'au cerveau pour finalement obstruer un vaisseau ; on parle alors d'embolie cérébrale. Une cause fréquente de ces embolies est la fibrillation auriculaire, une forme d'arythmie cardiaque dans laquelle les oreillettes du cœur se contractent de façon rapide et irrégulière. Dans de telles conditions, le sang peut alors former des caillots qui peuvent par la suite atteindre la circulation cérébrale.

L'hémorragie cérébrale, quant à elle, est provoquée soit par la rupture d'une artère du cerveau à la suite d'un traumatisme, soit par des dommages à la paroi des vaisseaux causés par une hypertension prolongée ou la détérioration secondaire à certaines habitudes de vie, tel le tabagisme. Cette rupture est tragique, car non seulement elle interrompt l'apport de sang, essentiel au maintien des fonctions cérébrales, mais elle provoque en plus le déversement et l'accumulation de sang dans le tissu cérébral. Lorsque ce saignement se produit à l'intérieur même du cerveau (hémorragie intracérébrale), les cellules situées à proximité sont endommagées par l'augmentation soudaine de la pression due à cette présence de sang. Quand cette rupture se produit dans les régions concernées par le contrôle des fonctions de base, comme le tronc cérébral, la mort peut rapidement survenir. Les hémorragies cérébrales peuvent également avoir lieu lorsqu'un vaisseau est endommagé dans l'espace situé entre le cerveau et l'os du crâne (hémorragie sous-arachnoïdienne), par exemple à la suite d'une rupture d'anévrisme ; la présence inhabituelle de sang dans ce compartiment augmente la pression intracrânienne et cause des maux de tête foudroyants. Près de la moitié des personnes frappées par ce type d'AVC meurent dans les deux semaines qui suivent la rupture du vaisseau, et le tiers des survivants ont besoin de soins pour le reste de leur vie.

Cancer : mutinerie cellulaire

Dans le très pessimiste *Malaise dans la civilisation* (1929), Sigmund Freud affirme que les civilisations sont gouvernées par deux types opposés de pulsions, l'Éros (pulsion de désir et d'amour) et le Thanatos (pulsion de destruction et de mort), cette dernière cherchant constamment à s'imposer pour provoquer l'autoanéantissement de la société. On peut discuter longuement du bien-fondé de cette interprétation de la dynamique qui prévaut dans les sociétés humaines ; cependant, à l'échelle de la « civilisation cellulaire » qui constitue le corps humain, il ne fait aucun doute qu'il s'agit d'une excellente psychanalyse ! Car si « l'Éros cellulaire » est essentiel à la cohésion et au fonctionnement harmonieux du corps humain,

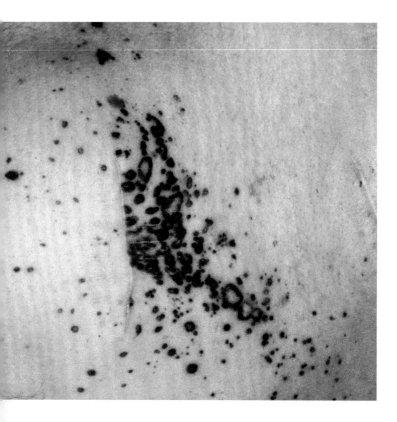

le cancer est une maladie qui fait peur, autant pour son potentiel dévastateur que pour les souffrances qu'il engendre. Si nous avions la possibilité d'exclure une seule maladie comme cause de notre mort, le cancer figurerait sans doute en tête de liste.

Mourir d'un cancer est l'aboutissement d'un long processus au cours duquel les cellules d'un organe donné subissent des modifications dans leur matériel génétique (des mutations) qui déclenchent un changement radical de leur comportement à l'égard des autres cellules de l'organisme. Alors que normalement les cellules se spécialisent dans l'accomplissement d'une fonction spécifique à l'organe dans lequel elles se trouvent (la fonction d'une cellule de la peau est fort différente de celle d'un neurone ou d'une cellule du pancréas, par exemple), l'accumulation de mutations détruit cette identité et entraîne son retour à un état non spécialisé, strictement préoccupé par la nécessité de se reproduire. Les cancers sont d'origine monoclonale, ce qui signifie qu'ils ne proviennent que d'une cellule qui aura accumulé suffisamment de mutations pour acquérir ce caractère invasif et hyperprolifératif. Cette transformation équivaut à une véritable mutinerie contre l'organisme : le fonctionnement d'un organisme aussi complexe que le corps humain, constitué de milliers de milliards de cellules, requiert un dévouement absolu de toutes les cellules au maintien de son équilibre, chacune d'entre elles devant absolument rester fidèle au rôle pour lequel elle est programmée.

cet équilibre est constamment menacé par la pulsion naturelle des cellules à rompre les rangs de façon à retrouver leur liberté d'action, un « Thanatos » responsable des nombreux dérèglements qui mènent à l'apparition du cancer.

Ce que l'on nomme « cancer » est en fait un terme générique englobant plus de 200 maladies distinctes, toutes causées par une croissance incontrôlée des cellules du corps. Devenu au cours des dernières années la principale cause de mortalité dans plusieurs régions du monde,

Cette dédifférentiation ou perte de spécialisation est la signature ultime du cancer ; la cellule déchire son contrat social avec les autres cellules du corps et redevient néo-embryonnaire et non spécialisée. Des cellules atypiques d'un point de vue fonctionnel le sont également de points de vue morphologique et cytologique, et cette atypicité est un critère important utilisé par les pathologistes dans le diagnostic de cancer.

Même si tout le monde sait que le cancer est une maladie potentiellement mortelle, les façons dont cette maladie provoque la mort des personnes atteintes sont généralement mal comprises. On voit souvent le cancer comme une maladie contre laquelle il faut « se battre », un combat dont l'issue dépend essentiellement de l'énergie et de la bonne volonté de la personne qui en souffre. Bien que cet aspect psychologique ne doive pas être négligé, notamment parce qu'il permet souvent aux patients de mieux supporter les traitements ou d'accepter l'inéluctabilité de la mort à venir, mourir des suites d'un cancer n'est certainement pas un signe de faiblesse, car cette maladie possède véritablement un immense potentiel destructeur. Ce n'est pas la force de la volonté ou le désir de vivre qui permettront la survie du patient, mais un ensemble de facteurs individuels et cliniques : état de santé avant le diagnostic du cancer, condition métabolique générale, variations génétiques qui modifient la réponse aux médicaments de chimiothérapie, capacité du système immunitaire à résister aux infections circonstancielles et autres.

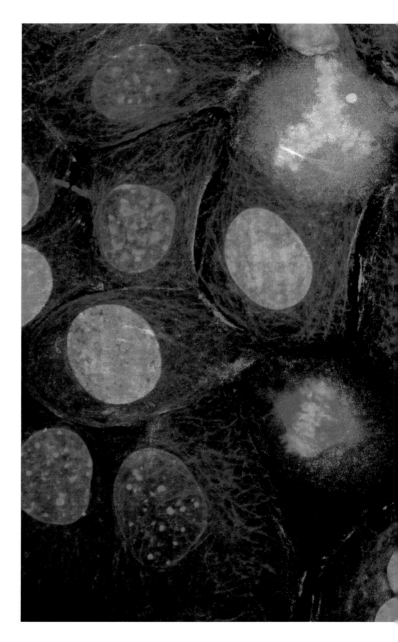

^ Microscopie de cellules cancéreuses dans un sein

癩痲病

蝦一爻或二爻丸茱用

用快刀割癭孔壺瘀物敢破敵膏投之葛根加木附湯兼以

Malgré la diversité des organes qui peuvent être touchés par le cancer et les multiples dérèglements causés par cette maladie, on peut dégager deux grands mécanismes qui sont responsables de son potentiel destructeur.

Effet direct : perte de fonctions des organes touchés. Étant donné que la spécialisation cellulaire est un préalable pour l'accomplissement des fonctions propres à un organe donné, il va de soi que la perte de cette spécialisation à la suite de la dédifférenciation des cellules cancéreuses entraîne, à la longue, des conséquences catastrophiques sur les fonctions normalement remplies par cet organe. Par exemple, si cette perte de fonctions se produit au niveau des poumons, la réduction du nombre de cellules capables de capter adéquatement l'oxygène de l'air fait radicalement baisser le niveau d'oxygénation du sang, atteignant un point de non-retour où la quantité d'oxygène devient insuffisante pour permettre le maintien des fonctions vitales. Dans certains cas, les dangers que présente le cancer sont de nature essentiellement mécanique : ainsi, une masse cancéreuse au niveau du côlon ou des ovaires provoque l'obstruction du système digestif et empêche l'absorption des nutriments essentiels de la nourriture ; dans certaines leucémies, la teneur astronomique du sang en globules blancs augmente tellement sa viscosité que la circulation devient impossible ; enfin, une croissance de cellules cancéreuses au niveau du cerveau finit par compresser certaines zones responsables des fonctions de base jusqu'à causer leur perte de fonction et la mort qui en découle.

L'énorme potentiel d'adaptation du corps fait en sorte qu'il réussit très souvent à maintenir l'essentiel de ces fonctions vitales en dépit de la présence des cellules cancéreuses. C'est d'ailleurs pour cette raison qu'un cancer peut évoluer dans l'ombre, pendant plusieurs années, sans provoquer de symptômes particuliers. Une tumeur du cerveau ou du rein, par exemple, peut atteindre une taille impressionnante sans compromettre significativement les fonctions contrôlées par ces organes. Parvenue à un certain stade, cependant, la masse cancéreuse devient trop volumineuse pour rester cachée, et les premiers signes physiques (masse palpable, saignement) ou métaboliques (perte d'appétit, amaigrissement) de la maladie commencent à apparaître. Certains cancers foudroyants comme ceux du cerveau, du rein, du foie, des ovaires ou du pancréas ne laissent souvent que peu de chances aux personnes atteintes, car la masse cancéreuse a déjà atteint un stade avancé lors de l'apparition des premiers signes cliniques.

Effet indirect : le cancer comme maladie systémique. Bien qu'extrêmement dangereuse, la croissance d'une masse tumorale dans un organe donné d'où provient la tumeur initiale n'est pas la principale cause des décès associés au cancer. Dans la majorité des cas, la présence des cellules cancéreuses dans plusieurs endroits du corps est nécessaire pour que le cancer acquière une puissance suffisante pour prendre le contrôle des fonctions vitales et causer la mort.

La dissémination des cellules cancéreuses dans l'organisme sous forme de métastases est

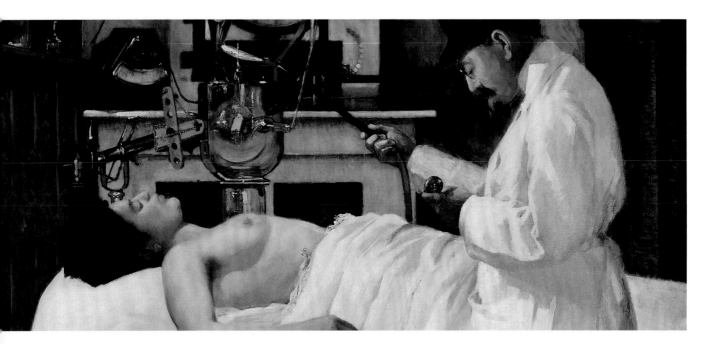

responsable de près de 90 % des décès dus au cancer. Cette situation découle de la vision « impérialiste » que le cancer a du corps humain, c'est-à-dire que la tumeur « fondatrice » cherche la plupart du temps à « coloniser » d'autres régions de l'organisme pour pallier le manque de ressources nutritives à l'échelle locale. Ces visées impérialistes nécessitent évidemment un armement spécialisé. Un peu comme la marine britannique a permis à l'Angleterre de migrer sur de grandes distances et de s'établir dans de nouveaux territoires, le cancer met au point certaines armes pour s'extirper de son terrain d'origine et s'implanter à d'autres endroits du corps. Un des outils clés de cette expansion est la production de pro-

téases, véritables « ciseaux » moléculaires qui dissolvent le tissu entourant la tumeur et permettent ainsi à des cellules cancéreuses de partir « explorer » le corps à la recherche de nouveaux sites pour implanter de nouvelles colonies.

Même si les organes de prédilection pour l'établissement de métastases varient sensiblement selon l'emplacement de la tumeur primaire, les sites les plus fréquemment colonisés sont les poumons, le foie, le cerveau et les os. Par exemple, les cancers du côlon ont une forte tendance à s'établir au niveau du foie (un patient sur quatre a déjà des métastases hépatiques au moment du diagnostic), les cellules cancéreuses envahissant graduellement cet organe vital jusqu'à com-

∧   Georges Chicotot, *La Première Tentative de traitement du cancer à l'aide de rayons X faite par le Dr Chicotot* (détail)

promettre son fonctionnement ; c'est pour cette raison que la perte de fonction du foie est souvent une cause de mortalité chez ces patients. Les répercussions meurtrières des métastases sont particulièrement frappantes lorsque la tumeur primaire touche un tissu dont la fonction n'est pas essentielle à la vie. Le meilleur exemple est sans contredit le cancer du sein, maladie dont le potentiel meurtrier ne provient pas de la croissance incontrôlée du tissu mammaire, celui-ci n'étant doté d'aucune fonction essentielle à la survie biologique de la femme, mais de la dissémination de ces cellules dans l'organisme.

En plus de leur capacité à former des métastases, les cellules cancéreuses provoquent dans l'organisme une multitude d'effets systémiques qui, collectivement, perturbent en profondeur le fonctionnement du corps et mettent la vie du patient en danger. Par exemple, une forte proportion de personnes atteintes d'un cancer décèdent des suites d'une insuffisance rénale aiguë, état caractérisé par une baisse abrupte du taux de filtration du sang par le rein, qui cause des dérèglements majeurs dans les niveaux de déchets métaboliques (acides, urée) et de plusieurs électrolytes (potassium, calcium, phosphate). L'insuffisance rénale peut aussi être une conséquence du traitement par chimiothérapie de certains cancers (les cancers hématologiques en particulier). Dans tous les cas, la perte de fonction des reins est un événement catastrophique qui mène invariablement à la mort s'il n'est pas rapidement pris en charge.

Les problèmes de coagulation sont d'autres dommages collatéraux importants associés à la présence d'une masse cancéreuse. Initialement décrits par le médecin français Armand Trousseau (1801-1867) qui avait observé que les personnes touchées par un cancer de l'estomac (y compris lui-même) sont prédisposées à la thrombophlébite, ces problèmes découlent de l'expression anormalement élevée, à la surface des cellules cancéreuses, de protéines capables d'activer la cascade de coagulation ; dans ce cas, les patients atteints ont une tendance accrue à avoir des caillots sanguins dans les veines ; lorsque ces caillots atteignent le cœur et les poumons, le risque d'embolie augmente considérablement. Loin d'être une simple curiosité, les problèmes de coagulation sont en fait une cause importante de mortalité. Près d'un patient sur sept décède des complications causées par une embolie pulmonaire.

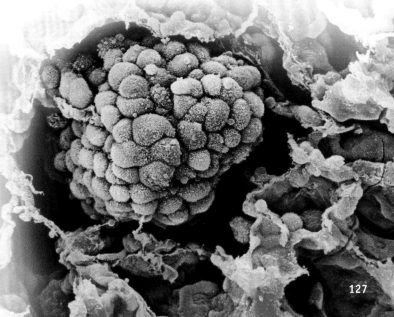

> Masse de cellules cancéreuses (poumons)

La présence d'une masse cancéreuse en pleine croissance a également de profondes répercussions sur la gestion des réserves énergétiques du corps. Lorsqu'elle atteint une certaine taille, la tumeur entre directement en compétition avec les organes pour les nutriments essentiels à la croissance des cellules. Les cellules cancéreuses sont capables de mobiliser les réserves énergétiques de leur hôte en sécrétant des molécules qui accélèrent la destruction des tissus, en particulier le tissu adipeux et les muscles, ce qui entraîne très souvent une perte d'appétit, une importante perte de poids et une atrophie des muscles. Cet état de maigreur associée à une grande faiblesse, appelé « cachexie », est dévastateur autant pour le malade que pour ses proches, car il entraîne une perte dramatique de la qualité de vie : le patient s'affaiblit sous le fardeau imposé par la maladie. Parvenu à ce stade, le cancer, devenu systémique, touche l'ensemble du corps, un peu comme si un parasite monstrueux avait totalement pris le contrôle de l'organisme et détournait à son seul profit toutes les fonctions normalement destinées à assurer la vie. Cette vie ne tient plus qu'à un fil : les muscles deviennent si faibles qu'ils peinent à soutenir la respiration ; le métabolisme des éléments essentiels est complètement déréglé et a du mal à soutenir la fonction des cellules ; la défense contre des agressions de microorganismes est de plus en plus difficile. Les infections opportunistes peuvent survenir dans cet état de faiblesse extrême. La mort viendra à plus ou moins court terme, selon la résistance physiologique individuelle.

Alzheimer

Même si la mortalité associée aux maladies neurodégénératives comme la maladie d'Alzheimer est beaucoup moins importante que les ravages causés par les accidents cardiovasculaires et le cancer, ces maladies demeurent néanmoins terrifiantes en raison de leur capacité à s'attaquer à ce que nous avons de plus intime : notre personnalité. Aucune mort naturelle n'est aussi spécifique à l'espèce humaine que celle qui découle de la maladie d'Alzheimer. L'arrêt définitif des fonctions vitales du corps vient confirmer la mort de la personne telle que nous la connaissons, survenue quelques années plus tôt.

Initialement décrite en 1906 par le psychiatre allemand Lois Alzheimer, la maladie qui porte désormais son nom débute de façon relativement bénigne : la personne présente généralement des pertes de mémoire à court terme et une difficulté inhabituelle à accomplir certaines tâches routinières simples. En progressant, cependant, elle atteint les zones du cerveau responsables du langage, des émotions et des raisonnements abstraits, et provoque ainsi des bouleversements majeurs dans la personnalité des patients, ceux-ci devenant de plus en plus détachés des événements extérieurs.

Cette perte de contact avec le quotidien n'est pas une simple démence associée à une quelconque anomalie dans les niveaux relatifs de neurotransmetteurs. La maladie d'Alzheimer est une véritable maladie dégénérative durant

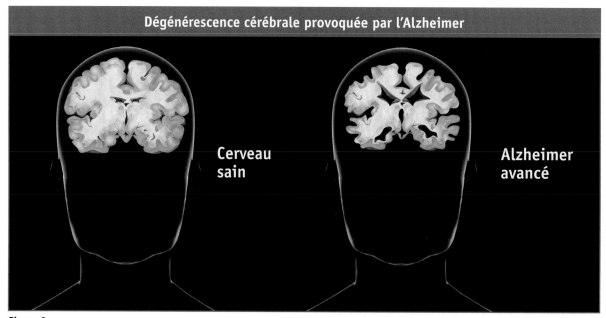

Dégénérescence cérébrale provoquée par l'Alzheimer

Cerveau
sain

Alzheimer
avancé

Figure 6

laquelle les neurones sont carrément détruits à la suite de l'accumulation de dégénérescences neurofibrillaires et de plaques amyloïdes (ou plaques séniles), dépôts causés par l'agrégation de certaines protéines, tant à l'intérieur qu'à l'extérieur des cellules nerveuses, et qui s'accumulent petit à petit ; il y a donc perte de l'intégrité même de la masse du cerveau (Figure 6). La présence de ces dépôts a des répercussions catastrophiques sur les cellules nerveuses, autant en augmentant considérablement leur vulnérabilité aux stress oxydatif et inflammatoire qu'en provoquant directement leur destruction. Aux stades initiaux de la maladie, ces agrégats sont surtout présents dans les régions du cerveau impliquées dans la mémoire et les émotions (hippocampe et amygdale), et c'est pour cette raison que l'amnésie est l'un des premiers symptômes de la maladie. Par la suite, les lésions se propagent aux aires associatives, ce qui entraîne la destruction progressive de tous les savoirs (raisonnement, reconnaissance visuelle, fonctionnement social).

La progression implacable de la dégénérescence des neurones fait en sorte que les personnes touchées par la maladie perdent non seulement leurs fonctions cognitives, mais également la maîtrise de plusieurs fonctions vitales dictées par le cerveau. Par exemple, aux stades avancés de la maladie d'Alzheimer, la coordination de la respiration et de la déglutition est

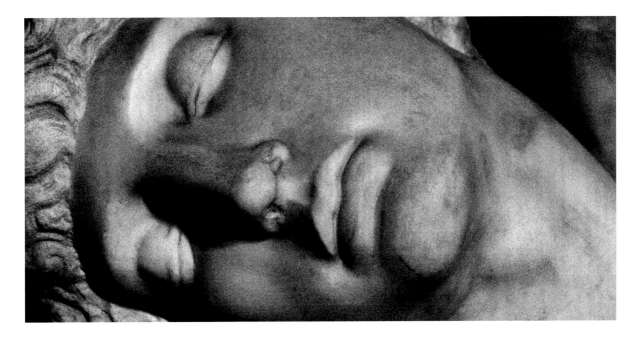

grandement affectée, et cela provoque souvent l'aspiration de nourriture ou de liquides dans les poumons. La présence anormale d'aliments dans le système respiratoire procure aux bactéries une source exceptionnelle de substances pour permettre leur croissance et le développement d'un foyer infectieux qui s'attaque aux poumons. Cette pneumonie d'aspiration est la plus fréquente cause de mortalité aux stades avancés. Mais, outre ces dégradations du corps, c'est sans nul doute cette mort de la personnalité qui nous fait tellement craindre l'Alzheimer. Cette dégradation physique du cerveau qui correspond à la mort de l'être aimé et aimant, de son passé, de son expérience de vie et de sa personnalité illustre

l'importance du tissu cérébral dans ce que nous définissons comme l'individu. Quand il meurt, avec lui disparaît également une grande partie de ce qu'était la personne issue de cette activité cérébrale.

Euthanasie

Dans les stades avancés de certaines maladies graves, notamment le cancer, le fardeau imposé par la maladie devient tel qu'il n'y a plus aucun espoir de guérison. Face à une mort imminente, on ne cherche donc plus à sauver la vie du patient, mais plutôt à réduire le plus possible la douleur

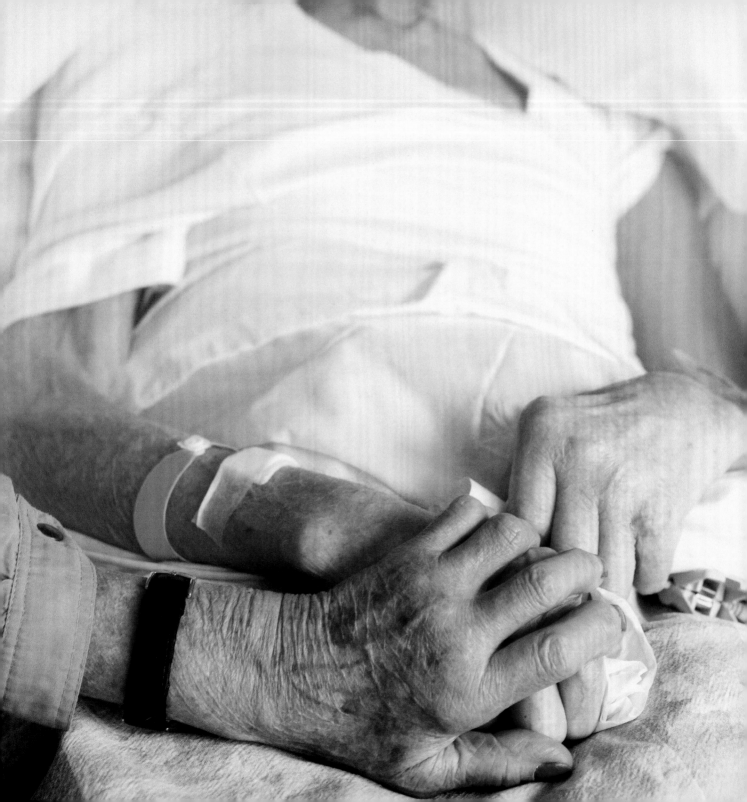

associée à l'agonie à l'aide de soins palliatifs (du latin *pallium*, « qui protège et réconforte »). En soulageant la souffrance physique à l'aide d'analgésiques puissants, comme la morphine, ainsi qu'en apportant un soutien psychologique et spirituel aux patients et à leur famille, cette approche cherche à améliorer autant que possible la qualité de vie des personnes tout en permettant au processus de la vie de se terminer naturellement, sans accélérer ni repousser la mort. Certaines personnes ne désirent cependant pas continuer à vivre dans de telles conditions et voient plutôt ces derniers instants comme une perte de leur autonomie et de leur qualité de vie, une atteinte à leur dignité. Ces patients en phase terminale réclament le droit de décider par eux-mêmes de mettre un terme à leur agonie. D'autres, au contraire, proposent de laisser la vie suivre son cours naturel en mettant tout en œuvre pour éliminer le maximum de souffrance, c'est-à-dire en optimisant l'intervention en soins palliatifs. Les enjeux moraux, éthiques et légaux soulevés par la volonté des gens malades de maîtriser les derniers instants de leur existence sont à l'heure actuelle la meilleure illustration des difficultés associées à ce problème.

L'euthanasie, du grec *euthanatos*, qui signifie « bonne mort », peut être définie comme un acte destiné à provoquer la mort d'un malade incurable de façon à abréger ses souffrances ou son agonie. Elle était déjà pratiquée dans la Grèce et la Rome antiques où il était courant que les personnes en proie à d'horribles souffrances se suicident, souvent à l'aide de poisons fournis par leur médecin. Bien que cette pratique fût admise par des philosophes comme Socrate, Platon et Sénèque, Hippocrate (le père de la médecine moderne) y était quant à lui fermement opposé. Sa vision s'est graduellement imposée dans la tradition médicale occidentale et elle est encore aujourd'hui clairement énoncée dans le serment qui porte son nom : « Je ne provoquerai jamais la mort délibérément. » Cette opposition s'est consolidée avec le développement parallèle de plusieurs mouvements religieux qui considèrent la vie comme

> Portrait d'Hippocrate (env. 460-377 av. J.-C.), médecin grec considéré comme le « père de la médecine »

133

le résultat concret de l'action de Dieu, un don dont l'homme ne peut disposer comme bon lui semble.

La dure réalité des souffrances atroces subies par les malades en phase terminale a cependant toujours suscité la compassion des humains et amené nombre d'entre eux à réclamer une mort paisible pour mettre un terme à ces souffrances.

La complexité du débat actuel sur l'euthanasie provient donc de l'influence exercée par l'ensemble de ces courants de pensée, véritable dilemme moral provoqué par le choc entre trois des plus nobles caractéristiques humaines, soit le désir de soigner les personnes malades, la conscience du caractère unique de l'existence et la compassion.

À l'heure actuelle, seuls les Pays-Bas, la Belgique et le Luxembourg autorisent l'euthanasie active en cas de maladie incurable, suivant une procédure qui est dans tous les cas étroitement réglementée. Lorsqu'un patient en fait la demande, le médecin doit s'assurer que ses souffrances sont insupportables, que sa maladie est incurable et que son désir de mettre un terme à sa vie est sans équivoque. Il doit aussi consulter au moins un autre médecin au jugement indépendant. Comme les patients sont parfois incapables d'exprimer leur volonté, la loi autorise toute personne à formuler par écrit son souhait d'être euthanasiée dans le cas où elle serait atteinte d'une maladie incurable, plongée dans le coma et dans un état jugé irréversible.

Si la requête d'euthanasie est conforme à la loi, la mort du patient est généralement induite par l'injection d'un sédatif, le sodium thiopental, par voie intraveineuse. Une fois le patient plongé dans un coma profond, un puissant relaxant musculaire, le bromure de pancuronium, est administré pour stopper la respiration et ainsi provoquer la mort. Aux Pays-Bas, entre 6 % et 10 % des patients atteints d'un cancer en phase terminale choisissent de mourir de cette façon.

Il faut distinguer l'euthanasie du suicide assisté : dans ce dernier cas, même si le médecin prescrit la substance létale et peut même conseiller le malade sur la procédure à suivre, c'est le patient lui-même qui s'administre la dose mortelle, sans aide médicale.

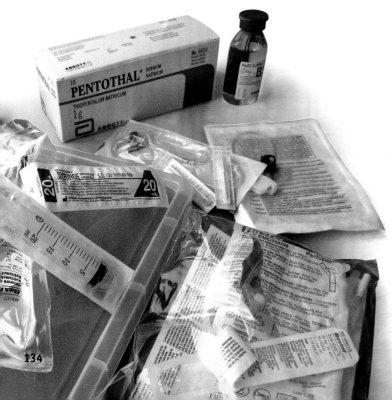

< Composantes de la trousse pour euthanasie telle qu'elle était disponible en avril 2005 en Belgique pour les médecins désirant pratiquer l'euthanasie à domicile

Le suicide assisté est légal en Suisse et dans trois États de l'ouest des États-Unis, soit l'Oregon, l'État de Washington et le Montana, et cela, même si les lois de tous ces États prohibent expressément toute forme d'euthanasie active. Comme pour l'euthanasie pratiquée en Belgique et aux Pays-Bas, la procédure à suivre pour le suicide assisté est étroitement réglementée : en Oregon, par exemple, le patient qui désire obtenir une substance létale doit être âgé d'au moins 18 ans, souffrir d'une maladie incurable lui laissant moins de six mois à vivre et être capable d'exprimer de façon claire et précise à un médecin sa décision de mettre un terme à sa vie. Le médecin peut alors prescrire une dose létale de pentobarbital de sodium ou de sécobarbital de sodium, deux barbituriques qui sont de puissants dépresseurs du système nerveux central. Quelques minutes après l'ingestion de l'une ou l'autre de ces substances par voie orale, le patient plonge dans un coma profond, et la paralysie subséquente des fonctions respiratoires provoque généralement la mort en moins de trente minutes. Depuis 1998, environ quarante personnes ont recours chaque année au suicide assisté en Oregon.

Un problème éthique

Il est difficile de parvenir à un consensus sur l'euthanasie ou le suicide assisté, car tout le monde n'a pas la même vision du libre arbitre dont nous disposons face aux derniers instants de notre existence. Bien que le débat sur l'euthanasie soit fort ancien, il est intéressant de constater que les arguments utilisés pour défendre ou condamner cette pratique sont essentiellement demeurés les mêmes depuis plusieurs siècles (Figure 7).

Pour et contre dans le débat sur l'euthanasie

POUR
- Liberté individuelle du patient
- Qualité et dignité de la vie
- Contre la souffrance avilissante
- Fardeau pour le patient et la famille
- Compassion pour un être qui souffre
- Désespoir des personnes concernées

CONTRE
- Illégalité de l'euthanasie
- Serment d'Hippocrate du médecin
- Danger de dérive si non encadré
- Pour les croyants :
  - Dimension sacrée de la vie
  - Transcendance de la souffrance
  - Décision relevant de Dieu seul

Figure 7   D'après *Cancer Investigation* 2006 ; 24 : 621-629.

Pour ses partisans, la possibilité de choisir la façon dont nous vivons nos derniers instants constitue un droit individuel fondamental : toute personne qui désire mettre un terme à son existence parce qu'elle n'accepte pas la perte de qualité de vie ainsi que le fardeau imposé à ses proches devrait pouvoir demander l'aide active (euthanasie) ou passive (suicide assisté) d'un médecin. À l'inverse, les opposants à l'euthanasie la considèrent comme un meurtre, quelles que soient les circonstances, et donc comme une violation de notre droit fondamental à la vie. Dans certaines religions, Dieu est le maître absolu de ses créatures, et les humains ne peuvent s'opposer à sa volonté. Dans ce cas, la souffrance endurée dans les derniers moments de l'existence n'est pas perçue d'une façon strictement négative, mais plutôt comme une épreuve importante qui permet de réfléchir sur la signification de la vie et de faire la paix avec soi-même.

Dans les sociétés où la religion est omniprésente et souvent indissociable du pouvoir étatique, la question de l'euthanasie et du suicide assisté est plus facilement résolue, car le caractère sacré de la vie domine généralement les autres considérations. La situation est cependant beaucoup plus complexe dans les sociétés laïques : bien que la religion relève du domaine privé et soit séparée de l'État, il n'en demeure pas moins qu'elle a souvent joué un rôle prédominant dans l'élaboration des lois et exerce encore aujourd'hui une influence déterminante sur les valeurs morales et légales. C'est pour cette raison que, même si l'on reconnaît à un citoyen la liberté de ses actes, quels que soient son héritage ethnique, sa nationalité, son orientation sexuelle ou sa religion, cette liberté n'inclut pas, dans la plupart des pays, le droit de recourir à une assistance médicale pour mettre un terme à ses jours en cas de maladie incurable. Au Canada, par exemple, l'euthanasie va à l'encontre de l'article 7 de la *Charte canadienne des droits et libertés*, la loi considérant que le droit à la vie a préséance sur toute procédure médicale visant à écourter l'existence, même lorsqu'il n'y a plus aucun moyen thérapeutique de sauver la vie du patient.

L'euthanasie et le suicide assisté sont deux problèmes éthiques sérieux auxquels il est important de réfléchir. Comment baliser ces nouvelles avenues que nous ouvrent le vieillissement de la population et le questionnement légitime sur le sens ou le non-sens de la souffrance ? Comment respecter la liberté individuelle, essentielle à nos sociétés évoluées, tout en protégeant les plus démunis ?

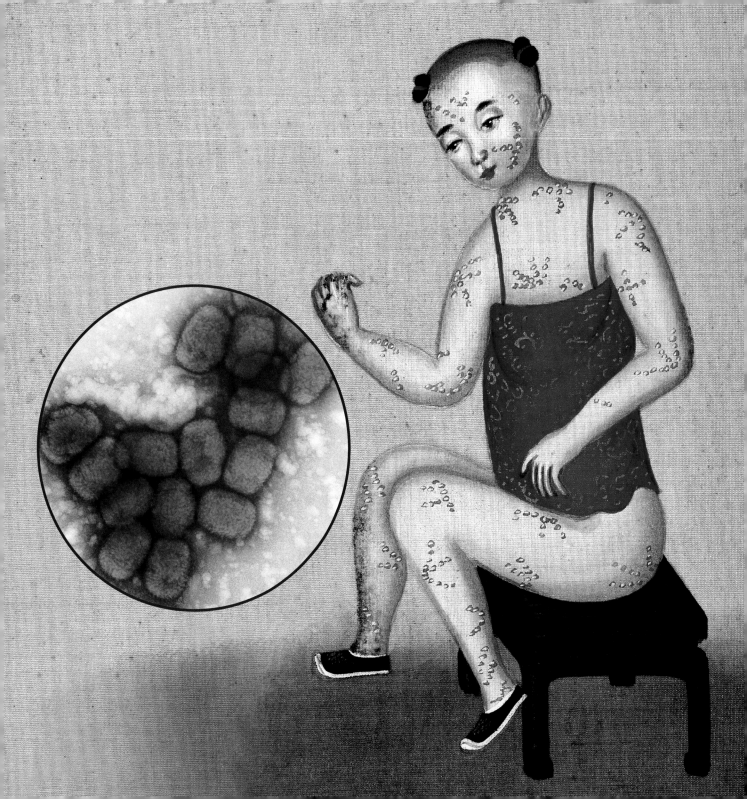

Chapitre 6

Mourir d'infections

Dans l'une des histoires les plus célèbres de la mythologie grecque, Pandore, dévorée par la curiosité, brave l'interdit de Zeus et ouvre une boîte scellée, reçue en cadeau lors de son mariage avec Épiméthée. Grand mal lui en prend, car aussitôt s'échappent tous les maux de l'humanité, notamment la Vieillesse, la Maladie, la Guerre, la Famine, la Misère, la Folie, le Vice, la Tromperie et la Passion, et ces fléaux se dispersent de par le monde pour apporter la souffrance aux mortels. Épouvantée, Pandore se dépêche de refermer le couvercle, mais il est malheureusement trop tard : seul l'Espoir est demeuré au fond de la boîte.

Métaphore poétique cherchant à expliquer les épreuves de la vie quotidienne comme des conséquences de la faiblesse des hommes et de la puissance d'êtres surnaturels, cette légende témoigne du désarroi des humains face aux événe-

ments tragiques imposés par le monde dans lequel ils vivent.

De tous les fléaux libérés de cette mystérieuse boîte de Pandore, les maladies, et plus particulièrement les maladies infectieuses, représentent sans contredit les principales épreuves auxquelles les civilisations humaines ont eu à faire face. Peste, variole, syphilis, tuberculose, rougeole, malaria, choléra, grippe, sida et les quelques centaines d'autres maladies causées par les bactéries, les virus et les parasites ont, tout au long de l'histoire, laissé dans leurs sillages souffrances, désolations et épouvante, fauchant prématurément d'innombrables vies et décimant des populations, voire des civilisations entières (voir encadré p. 141).

La peur quasi instinctive que suscitent en nous, encore aujourd'hui, les maladies infectieuses tire son origine de toutes ces calamités,

< Vue au microscope électronique du virus de la variole

< Enfant atteint de la variole, artiste inconnu

suivant une connaissance millénaire transmise de génération en génération, chacune d'entre elles désespérée de son impuissance à empêcher la mort en série de ses semblables. Pendant longtemps, ces maladies ont été considérées comme des sanctions d'un Dieu tout-puissant, mécontent des actions d'un peuple pécheur et désobéissant. Cette intervention divine permettait de donner un sens à des phénomènes totalement incompréhensibles. En effet, comment expliquer qu'une personne saine et vigoureuse puisse être si rapidement touchée par la fièvre, tourmentée par des éruptions cutanées à l'aspect épouvantable ou par un mal intérieur terrible qui vide ses entrailles, pour mourir subitement quelques jours plus tard ?

On peut comprendre ce désarroi car, même aujourd'hui, alors que nous connaissons en détail les agents microbiens responsables de ces morts fulgurantes, l'apparition brutale d'une maladie contagieuse demeure l'événement médical le plus apte à frapper instantanément l'imagination du public : seulement dans la première décennie du XXIe siècle, le SRAS, la grippe aviaire H5N1 et la pandémie H1N1 ont attiré une attention publique et médiatique hors du commun, un intérêt somme toute démesuré étant donné le nombre relativement restreint de décès causés par ces maladies.

Mais, au-delà de ces cas exceptionnels qui ont défrayé la chronique (en grande partie parce que ces maladies menaçaient les habitants des pays industrialisés), la peur des maladies infectieuses

∧   Sculpture grecque de Pandore et sa boîte

est tout à fait justifiée, car elles constituent encore de nos jours un réel danger pour les habitants de la plupart des régions du globe. Selon les statistiques de l'Organisation mondiale de la santé, les maladies dues à des virus, à des bactéries ou à des parasites tuent plus de 14 millions de personnes chaque année dans le monde, ce qui représente près de 20 % de tous les décès. En plus du sida, de la tuberculose et du paludisme, responsables à eux seuls de plus de la moitié de ces décès, on trouve dans cette catégorie de nombreuses maladies liées aux diarrhées, certaines maladies tropicales parasitaires graves (malaria, trypano-

somiases, etc.), ainsi que des maladies comme l'influenza, qui tue près de 500 000 personnes par an. Il ne faudrait pas non plus oublier que près de 15 % des cancers, plusieurs d'entre eux pratiquement incurables, sont d'origine bactérienne et virale, et qu'ils représentent une cause majeure de mortalité dans certaines régions du monde. La déclaration pessimiste de Pasteur citée au début du présent chapitre n'est peut-être pas si loin de la réalité : les microbes sont véritablement les plus grands prédateurs de l'espèce humaine, de véritables meurtriers dotés d'un immense pouvoir destructeur.

Une conquête par les virus

Les maladies infectieuses apportées par les conquistadors espagnols ont joué un rôle de premier plan dans la chute des empires inca et aztèque. En effet, en dépit de leur supériorité militaire, il est peu probable que les conquistadors espagnols seraient parvenus à vaincre aussi rapidement les Aztèques s'ils n'avaient pas apporté avec eux une arme redoutable : la variole. Alors que les Européens avaient acquis au fil des siècles une certaine immunité face à cette maladie, les indigènes américains n'avaient jamais été en contact avec le virus responsable de cette infection (*Variola major*). Pas moins de dix-neuf épidémies ont frappé la population en un siècle à peine. Par exemple, alors qu'il y avait 1,2 million d'habitants dans la seule vallée de Mexico, il n'en restait plus que 70 000 un siècle plus tard, en 1650. Cette hécatombe a certainement inspiré le général anglais Sir Jeffrey Amherst pour la conquête du fort Carillon. Pour empêcher les Amérindiens d'aider les Français à défendre le fort, Amherst leur donna des couvertures infectées par la variole. Cela provoqua une épidémie qui décima la population autochtone et permit à Amherst de prendre le fort.

> Enfant atteint du virus de la variole

L'empire des microbes

Le terme « microbe », qui signifie littéralement « petite vie », englobe tous les organismes invisibles à l'œil nu, qu'ils soient d'origine bactérienne, virale ou parasitaire. Même si les microbes comptent parmi les premières espèces à avoir émergé de la soupe originelle il y a plus de 3,5 milliards d'années, ce n'est qu'avec la mise au point du microscope, au XVIIe siècle, que leur présence a été révélée. Alors qu'ils étaient jusqu'alors passés incognito, on sait maintenant que les microbes sont, et de très loin, les organismes les plus abondants sur la planète, autant par leur nombre que par leur diversité, étant répartis en plusieurs milliers d'espèces distinctes (Figure 1).

Si l'immense majorité des microbes sont absolument inoffensifs pour nous, certains sont très dangereux, comme nous le rappelle la multitude de décès causés par les maladies infectieuses tout au long de l'histoire et encore aujourd'hui partout dans le monde.

Les maladies infectieuses requérant par définition une transmission interindividuelle, leur apparition est relativement récente dans l'histoire de l'humanité et coïncide dans la grande majorité des cas avec la sédentarisation des hommes en communautés fixes, ayant une densité de population élevée. En analysant les squelettes de chasseurs-cueilleurs nomades de la période paléolithique (hommes des cavernes), on constate que ceux-ci étaient généralement épargnés par les maladies infectieuses. L'augmentation marquée des populations qui a accompagné la révolution néolithique coïncide cependant avec une véritable explosion de maladies aussi graves que le paludisme, la tuberculose, la poliomyélite, la rougeole, la rubéole, la variole, l'influenza et la peste. La concentration des populations en communautés de plus en plus denses a favorisé la propagation de ces maladies tout en ouvrant la porte à celles que véhiculaient les rongeurs attirés par les stocks de nourriture. Sans compter que la salubrité n'a certainement pas toujours été ce que l'on pourrait qualifier d'optimale, en particulier au Moyen Âge, ce qui créait un environnement idéal pour la propagation de nombreuses épidémies mortelles. (voir encadré p. 146).

Des humains minoritaires	
Organismes	**Nombre total d'« individus »**
Virus	10 000 000 000 000 000 000 000 000 000 000
Bactéries	1 000 000 000 000 000 000 000 000 000 000
Insectes	10 000 000 000 000 000 000
Humains	**6 700 000 000**

Figure 1

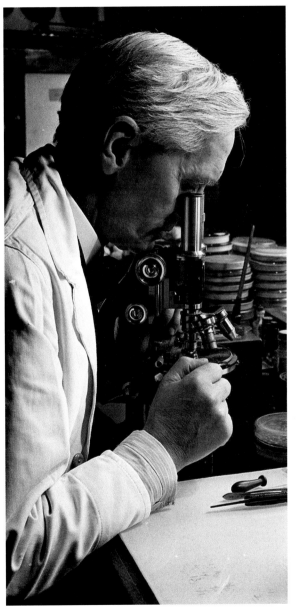

∧ Louis Pasteur, scientifique français dont les recherches sur les vaccins ont permis une percée majeure dans la médecine.

∧ Sir Alexander Fleming a découvert en 1928 la pénicilline, un antibiotique qui a révolutionné le traitement des infections bactériennes.

143

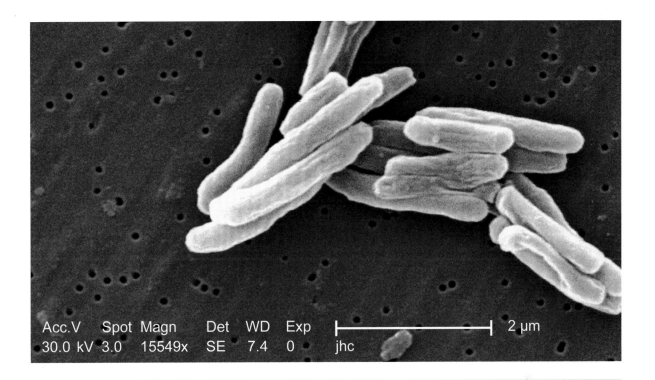

Acc.V Spot Magn   Det   WD   Exp   2 µm
30.0 kV 3.0 15549x   SE   7.4   0   jhc

Des bactéries extrêmes

Une seule goutte d'eau de mer contient près de 10 millions de particules virales, et un seul gramme de terre de votre jardin peut recéler un milliard de bactéries. Le monde des microbes est véritablement un univers en soi, un univers extrêmement complexe qui semble avoir su utiliser les quelque 3,5 milliards d'années qui se sont écoulées depuis sa création pour se diversifier et coloniser chaque recoin de la Terre. À preuve, on a trouvé des archéobactéries qui vivent dans des conditions extrêmes : *Sulfolobus acidocaldarius*, dans des sources chaudes (85 °C) et acides ; *Halobacterium salinarum*, dans des eaux excessivement salées (ce microorganisme est d'ailleurs à l'origine de la couleur rouge rosé de la mer Morte) ; ou encore des bactéries produisant du méthane, actives à 3 km de profondeur, dans des échantillons de glaces prélevés au Groenland. Fort heureusement, la plupart de ces microbes sont complètement inoffensifs pour les humains !

< Robert Koch a découvert le bacille de la tuberculose et du choléra ; on lui décerna le prix Nobel de médecine en 1905

^ Vue au microscope électronique du bacille responsable de la tuberculose (*Mycobacterium tuberculosis*)

Insalubrité et maladies

Le mot « hygiène » dérive de Hygie, déesse grecque de la Santé et de la Propreté. Fille d'Asclépios, dieu de la Médecine, elle était considérée comme une déesse puissante, jouant un rôle essentiel dans le maintien de la santé. Culte tout à fait approprié étant donné le rôle capital de l'hygiène dans la prévention des maladies infectieuses ! Alors que les civilisations de l'Antiquité (Égypte, Grèce, Chine et Empire romain) se montraient généralement soucieuses de l'hygiène et de la propreté des villes, le Moyen Âge est sans contredit l'âge d'or de l'insalubrité. Même si les gens avaient une hygiène relativement convenable grâce aux nombreux bains publics, la « gestion des déchets » était absolument catastrophique. Dans les villes, les excréments étaient jetés sur la chaussée directement par les fenêtres, s'ajoutant à ceux des nombreux animaux qui se promenaient en liberté. Et malgré le fait que les gens prenaient la peine de crier : « Gare l'eau » ou : « Gare dessous », parvenir à rester propre en se promenant dans les rues relevait du prodige...

Même si toutes les grandes villes d'Europe dégageaient une odeur pestilentielle, la situation déplorable dans laquelle se trouvait Paris demeure l'une de celles qui ont fait couler le plus d'encre : en l'absence d'égouts, les rues boueuses étaient remplies d'immondices, en particulier près des abattoirs et des boucheries où excréments, sang et viscères des bêtes écorchées se répandaient sur le sol et dans les caniveaux. Et en dépit de plusieurs édits royaux qui imposaient des mesures visant à assainir cet environnement insalubre, ce n'est qu'après les immenses travaux de rénovation supervisés par le baron Haussmann dans la seconde moitié du XIXe siècle que ces efforts furent couronnés de succès.

La mauvaise hygiène favorise la contagion, non seulement parce que la présence de déchets organiques permet la prolifération et la transmission de microbes pathogènes (le bacille du choléra, par exemple), mais aussi parce qu'elle fournit une nourriture abondante à certains vecteurs de maladies comme les rats (la peste). Plus que toute autre découverte de la médecine, la simple amélioration des conditions d'hygiène demeure la principale responsable du déclin des maladies infectieuses observé au cours du XXe siècle.

Meurtres sous la loupe

Comment des microbes invisibles à l'œil nu peuvent-ils terrasser un être humain en quelques jours, voire en quelques heures à peine ? Les maladies causées par les différents microbes sont trop nombreuses pour que nous puissions décrire en détail toutes les façons par lesquelles ces micro-organismes peuvent causer la mort. Cependant, certaines d'entre elles frappent plus particulièrement l'imagination en raison du pouvoir dévastateur qui en a fait les plus grands meurtriers de l'histoire de l'humanité. Historiquement, la peste et le choléra sont sans doute les meilleurs exemples des ravages que peuvent causer les maladies infectieuses (voir encadré) ; aujourd'hui, les plus grandes menaces pour les habitants des pays industrialisés proviennent des virus de l'influenza et du sida.

La peste

Une bactérie, des rongeurs, des puces et des hommes : une grande partie de notre peur actuelle des maladies infectieuses provient du traumatisme épouvantable provoqué par les épidémies de peste qui ont frappé l'Europe et l'Asie au cours des deux premiers millénaires de l'ère chrétienne. L'épidémie que nous connaissons le mieux est celle de 1347-1351, la tristement célèbre « peste noire », qui, à partir de Caffa, ville située sur la péninsule de Crimée (mer Noire), a touché la quasi-totalité de l'Europe, laissant dans son sillage au moins 25 millions de morts. Les nombreux comptes rendus de cette époque témoignent de la désolation provoquée par la maladie :

« [...] entre le mois de mars et le mois de juillet suivant, tant par la force de la peste que par le nombre des malades mal servis ou abandonnés grâce à la peur éprouvée par les gens bien portants, plus de cent mille créatures humaines périrent certainement la vie dans les murs de la cité de Florence. [...] Que de vaillants hommes, que de belles dames, que de beaux jeunes gens, que Gallien, Hippocrate ou Esculape eux-mêmes auraient jugés pleins de santé, dînèrent le matin avec leurs parents, leurs compagnons, leurs amis, qui, le soir venu, soupèrent dans l'autre monde avec leurs ancêtres. » (Boccaccio, *Le Décaméron*, 1348-1353)

C'était un mal absolu, brutal et impitoyable, face auquel les médecins étaient complètement désemparés, recourant parfois à des moyens étonnants pour accomplir leurs fonctions (voir « Le combattant de la peste » p. 150). Cette « grande mortalité » a ébranlé la civilisation européenne et, à plusieurs égards, exercé une influence déterminante sur le cours même de l'histoire.

La peste est causée par une bactérie (*Yersinia pestis*) qui, à l'état naturel, infecte les rongeurs en utilisant les puces comme véhicules. Le mécanisme est fort ingénieux. En se multipliant dans le système digestif de la puce, la bactérie obstrue progressivement son œsophage et l'empêche de se nourrir convenablement. Affamée, la puce pique sans arrêt tous les rongeurs qu'elle peut trouver, mais sans plus de succès car, chaque fois, le sang prélevé est bloqué par le « bouchon » de bactéries situé à l'entrée de son estomac. Elle régurgite alors dans la plaie le sang qu'elle ne peut ingérer, inoculant du même coup la bactérie à son hôte. De plus en plus affamée, la puce passe ainsi de rongeur en rongeur, toujours incapable de se nourrir convenablement, mais diffusant malgré tout la bactérie dans plusieurs nouveaux hôtes.

Les humains ne représentent qu'un intermédiaire accidentel dans la chaîne de transmission de la peste, et ce n'est que lorsqu'ils vivent à proximité de rongeurs, comme c'est le cas quand l'hygiène est déficiente, qu'ils sont impliqués dans le cycle de reproduction de la bactérie. Quand une puce porteuse de la maladie pique un humain et que la bactérie passe dans le sang de ce dernier, un groupe de protéines exprimées à la surface de la bactérie neutralise la réponse immunitaire et peut ainsi migrer vers les ganglions lymphatiques. Elles se multiplient alors à une vitesse vertigineuse et forment des renflements très douloureux au niveau des ganglions (les bubons) qui peuvent alors atteindre la grosseur d'une petite pomme. Les bactéries du bubon se disséminent par la suite dans la circulation pour atteindre tous les organes, déclenchant un véritable branle-bas de combat dans l'escouade inflammatoire du système immunitaire, facilement reconnaissable à un malaise général et une fièvre élevée (40 °C). À très court terme, cette présence de bactéries dans le sang provoque la formation de caillots dans les petits vaisseaux, ce qui entrave la circulation du sang dans les organes, ainsi qu'un collapsus cardio-vasculaire, c'est-à-dire un effondrement de la pression sanguine. Le plus souvent (environ 70 % des personnes touchées), la mort

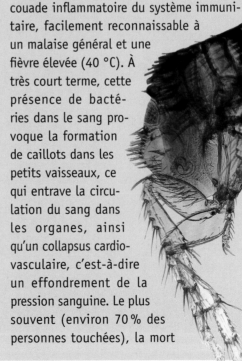

survient de trois à cinq jours après l'apparition des premiers symptômes par suite de métastases infectieuses dans le foie, la rate, les méninges et les poumons. Comme l'avait déjà noté Procope de Césarée lors de la peste justinienne qui a frappé Constantinople en 543, certaines personnes infectées par la peste « mouraient en vomissant du sang ». Cette peste pulmonaire est très dangereuse, car elle se transmet de façon interindividuelle, sans nécessiter de puces comme intermédiaires. Après une brève phase d'incubation (de quelques heures à deux jours), la maladie débute brutalement avec des lésions de pneumonie nécrosante et hémorragique accompagnée de fièvre (40 °C), de toux (contenant les bactéries), d'hémoptysie, de détresse respiratoire, ainsi que d'une altération profonde de l'état général. La maladie évolue rapidement vers la mort avec une extension des foyers pulmonaires, des troubles neurologiques (confusion mentale ou prostration), des hémorragies sous-cutanées et un collapsus cardiovasculaire. Si le tiers des personnes touchées par la peste bubonique réussissaient à vaincre la maladie, la peste pulmonaire est généralement mortelle.

Le combattant de la peste

On doit à Charles de Lorme (1584-1678), premier médecin de Louis XIII, la création de cet étrange costume. Le masque, généralement blanc, était formé d'un nez en forme de bec long de 16 cm rempli d'herbes, d'épices et de parfums pour « purifier » l'air ambiant et (surtout !) contrer l'odeur épouvantable dégagée par les malades et les morts. Sous le manteau, fait de cuir enduit de cire, on portait ordinairement des bottines, des culottes de peau attachées auxdites bottines et une chemise de peau unie dont on rentrait le bas dans les culottes. Des bésicles sur les yeux et un chapeau de cuir complétaient la tenue, donnant à l'ensemble un air franchement surréaliste. La vision de ces *dottore della peste*, déambulant ainsi vêtus parmi les mourants et les cadavres de pestiférés en tâtant avec leurs longs bâtons les plaies de malades hurlant de douleur, devait ajouter une dimension macabre au climat déjà apocalyptique engendré par la maladie...

Le choléra

Bien qu'il ne soit pas aussi meurtrier que la peste, le choléra n'en demeure pas moins la maladie qui peut le plus rapidement tuer un être humain : dans les cas les plus graves, il peut faucher la vie d'une personne en bonne santé en quelques heures à peine. Décrite pour la première fois sous le nom de « *bisuchika* » (« maladie mortelle des intestins ») dans le *Sucrutasamhitâ*, un traité médical de l'Inde antique, le choléra est depuis longtemps endémique dans cette région du monde. L'agent infectieux de la maladie est la bactérie *Vibrio cholera*, un bacille qui se développe particulièrement bien dans des milieux aquatiques contaminés par les déchets qu'y déversent les populations environnantes. Cette bactérie possède la particularité de produire des toxines extrêmement virulentes qui traversent la paroi de l'intestin et inactivent des protéines clés impliquées dans l'absorption du sodium. La conséquence de cette inactivation est absolument dramatique, car elle entraîne des diarrhées qui causent des pertes abondantes de liquides, pouvant atteindre de 10 à 12 l par jour et même parfois plus. Cette perte massive de fluide provoque un choc hypovolémique, c'est-à-dire un état où la masse liquide est insuffisante pour soutenir la circulation du sang. Dans les stades avancés de déshydratation, la personne malade devient très pâle avec les extrémités bleutées et même noirâtres, une cyanose qui découle du manque d'oxygéna-

tion du sang. D'ailleurs, l'expression « avoir une peur bleue » provient de l'épidémie de choléra qui a secoué la France en 1832. Le choléra est une maladie terrifiante, dont l'horreur peut se poursuivre même après la mort de ses victimes : dans plusieurs cas, la déshydratation extrême du corps provoque des soubresauts musculaires qui peuvent causer la contraction et l'agitation des membres. Cette caractéristique est à l'origine des histoires populaires selon lesquelles on enterrait parfois des vivants et non des morts.

Le virus qui venait du froid

Le mot « influenza » provient probablement de « *influenza di freddo* » (l'influence du froid), une expression italienne utilisée au XVIIIe siècle pour illustrer la forte incidence de cette infection par temps froid. On sait maintenant que l'hiver est effectivement propice à la grippe, car le virus responsable de cette dernière se transmet plus facilement lorsque la température est basse et que le taux d'humidité est faible, deux caractéristiques des conditions météorologiques hivernales. Contrairement au virus du rhume (rhinovirus), qui se propage de préférence par le contact des mains avec les yeux, le nez et la bouche, les aérosols produits par la toux ou les éternuements sont la principale voie de transmission de l'influenza :

une simple toux peut produire près de 100 000 particules en suspension et ce nombre peut même atteindre 2 millions quand on éternue. Quand on pense que seulement 10 particules virales suffisent à infecter un hôte, on peut comprendre la nécessité de mettre le creux du coude devant sa bouche pour tousser lorsqu'on est grippé !

La famille de l'influenza compte trois types différents de virus, nommés « A », « B » et « C », le type A étant de loin le plus dangereux. Même si plusieurs variantes de ce virus existent dans la nature (chez le porc, le cheval, le chien ainsi que plusieurs autres espèces de vertébrés à sang chaud), les oiseaux constituent le principal réservoir naturel du virus, celui-ci ayant été identifié dans pas moins de 90 espèces aviaires différentes. Comme pour la majorité des maladies

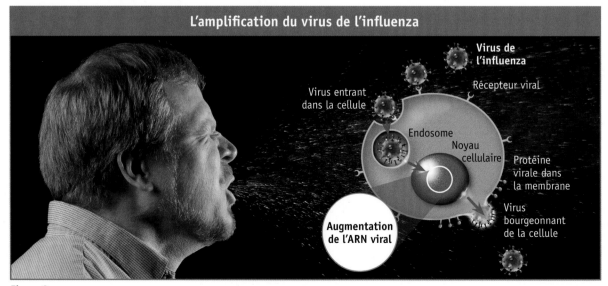

L'amplification du virus de l'influenza

Virus entrant dans la cellule

Virus de l'influenza

Récepteur viral

Endosome

Noyau cellulaire

Protéine virale dans la membrane

Virus bourgeonnant de la cellule

Augmentation de l'ARN viral

Figure 2

infectieuses, il est donc fort probable que la transmission de l'influenza à l'humain a débuté il y a environ 10 000 ans, lorsqu'on a commencé à cultiver la terre et à domestiquer des animaux susceptibles d'être infectés.

À l'instar de tous les virus, celui de l'influenza ne peut être considéré comme un organisme vivant, car il est incapable de se reproduire par lui-même et doit absolument utiliser une cellule pour y parvenir. Cette nécessité provient de la « simplicité volontaire » qui caractérise le mode d'action des virus, ceux-ci ne possédant que le strict nécessaire pour propager leur espèce. Dans le cas de l'influenza, ce minimum vital se résume à seulement onze gènes (à titre de comparaison, l'être humain en possède environ 25 000) qui, collectivement, permettent au virus de pénétrer dans les cellules tapissant le système respiratoire, d'amplifier ces gènes en détournant à son profit la machinerie de ces cellules et ainsi permettre l'émergence de nouveaux virus.

L'hémagglutinine (H) et la neuraminidase (N) sont deux protéines virales qui jouent un rôle essentiel dans la réplication de l'influenza. Une bonne partie de la grande diversité des virus de l'influenza de type A provient d'ailleurs de variations dans l'une ou l'autre de ces deux protéines, variations qui sont aujourd'hui utilisées pour décrire une souche de virus affectant une population donnée. Par exemple, quand on parle d'une souche H1N1, cela signifie que le virus possède une combinaison d'une hémagglutinine et d'une neuraminidase de type 1, alors que, dans une souche H5N1,

le virus possède une hémagglutinine de type 5. À ce jour, les combinaisons de quinze types d'hémagglutinine et de neuf types de neuraminidase ont été décrites, principalement chez les oiseaux.

Ces deux protéines jouent un rôle capital dans la pathogénicité du virus de l'influenza. Pour que le virus parvienne à infecter une cellule, l'hémagglutinine doit interagir avec un récepteur présent à la surface de celle-ci de façon à permettre l'entrée du virus et la livraison de son matériel génétique dans le noyau de chaque cellule (Figure 2). La nature de l'interaction entre l'hémagglutinine et son récepteur détermine l'espèce animale qui peut être infectée par le virus ainsi que le degré de contagion ou la gravité de l'infection qui en résulte. Par exemple, les souches qui, comme le H1N1, possèdent une hémagglutinine interagissant avec les récepteurs présents dans les cellules des voies respiratoires supérieures (nez, bouche, gorge) sont très contagieuses, car les virus nouvellement formés sont facilement expulsés

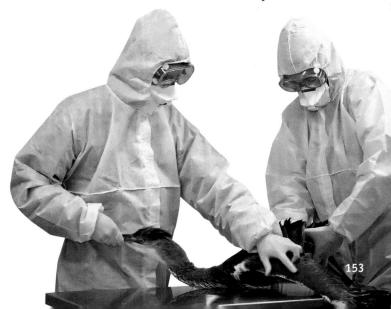

quand on tousse ou quand on éternue, et peuvent donc infecter un nouvel hôte situé à proximité. À l'inverse, certaines souches d'influenza d'origine aviaire qui ont une hémagglutinine de type 5 (H5N1) ne sont pas contagieuses chez les humains, car elles se fixent à des récepteurs situés plus profondément, au niveau des poumons, et les nouveaux virus peuvent difficilement s'échapper de l'organisme (Figure 3). En dépit de sa faible contagion, une souche de H5N1 actuellement présente à l'état latent dans certaines régions du globe peut néanmoins être transmise aux humains à la suite d'un contact direct avec des oiseaux infectés. Cette grippe aviaire provoque alors une pneumonie virale foudroyante qui ne laisse que peu de chances de survie. Selon l'OMS, 447 cas de grippes causées par la transmission animal-homme du virus H5N1 ont été observés en Asie au cours des dernières années ; 263 de ces personnes sont décédées peu de temps après avoir été infectées. Avec une incidence de mortalité de 60 %, il va sans dire que l'acquisition par ce virus de nouvelles caractéristiques lui permettant de se propager efficacement entre humains pourrait avoir des conséquences épouvantables.

L'objectif du virus étant de se reproduire en de nombreux exemplaires de façon à pouvoir infecter le plus grand nombre d'hôtes possibles, son expulsion de la cellule revêt une importance aussi grande que son entrée. Ce processus est plus complexe que l'on pourrait croire, car la présence de l'hémagglutinine à la surface des virus nouvellement produits fait en sorte qu'ils peuvent être reconnus par les mêmes récepteurs responsables de leur entrée et ainsi rester fixés à la surface de la cellule, sans possibilité de s'échapper vers une nouvelle cellule hôte. La neuraminidase présente à la surface du virus permet cependant de contourner

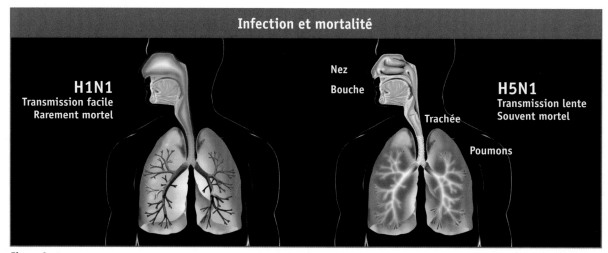

Infection et mortalité

H1N1
Transmission facile
Rarement mortel

Nez
Bouche
Trachée
Poumons

H5N1
Transmission lente
Souvent mortel

Figure 3

> Edvard Munch, *L'Enfant malade*

Grippes mondiales

Chaque épidémie d'influenza du dernier siècle a été causée par l'apparition subite d'une nouvelle forme d'un virus de type A chez les animaux (oiseaux ou porcs) et transmise par la suite aux humains (Figure 4).

H1N1, en 1918-1920

La grippe espagnole (ainsi nommée parce que les Espagnols, ne participant pas à la guerre, n'ont pas cherché à cacher l'existence d'une maladie qui touchait la population et ont été les premiers à la rapporter officiellement) a affecté le tiers de la population mondiale, causant entre 20 et 100 millions de morts. Il est probable que cette épidémie découle d'une mutation dans une souche d'influenza aviaire (H1N1) qui a permis au virus d'infecter les humains, ainsi qu'à la présence de mutations dans certains gènes qui augmentent considérablement sa virulence. Le rôle de cette souche ne se limite cependant pas à la grippe de 1918, car toutes les pandémies subséquentes ont été causées par des souches virales dérivées en partie de ce H1N1.

H2N2, en 1957-1958

L'épidémie de grippe asiatique doit son origine à la combinaison d'une souche H2N2 aviaire (plus précisément de canards) avec une forme mutée du H1N1 de 1918. Moins virulente, cette souche a néanmoins tué plus de 2 millions de personnes en seulement deux ans, particulièrement en Chine. Cette épidémie, contemporaine de la famine provoquée par la politique du «Grand Bond en avant» de Mao Zedong, est une période particulièrement noire de l'histoire de ce pays. L'existence du virus H2N2 a été cependant de courte durée, puisque cette souche a disparu et a été remplacée par son successeur (H3N2) onze ans seulement après son apparition.

H3N2, en 1968-1969

Cette souche très contagieuse mais relativement peu virulente provient d'une combinaison de virus humains et aviaires. Responsable de la grippe de Hong Kong de 1968, des variantes de ce virus persistent encore à ce jour et sont en grande partie responsables des épidémies de grippe saisonnières.

H1N1, en 2009

Ce virus est un assemblage fort complexe de quatre souches distinctes d'influenza provenant du porc, des oiseaux et des humains. Sans aucun doute la grippe la plus médiatisée des dernières années, la pandémie causée par la souche H1N1 de 2009 s'est paradoxalement avérée une des moins dangereuses, son taux de mortalité ayant été environ trois fois moindre que celui de la grippe saisonnière.

ce problème en éliminant certains sucres impliqués dans l'interaction de l'hémagglutinine avec le récepteur ; les virions peuvent alors rompre le lien avec la surface de la cellule infectée et s'échapper, pour en infecter d'autres. L'importance de cette étape est bien illustrée par l'activité antivirale du Tamiflu™ (oseltamivir) et du Relenza™ (zanamivir), deux médicaments capables de mettre un terme au cycle de réplication du virus en bloquant spécifiquement la neuraminidase.

Un virus épidémique

L'une des caractéristiques les plus remarquables du virus de l'influenza est son incomparable capacité à modifier sa structure de façon à créer de nouvelles formes de virus susceptibles d'échapper au système immunitaire de l'hôte qu'il utilise pour se reproduire. Alors qu'un seul vaccin est suffisant pour se protéger à vie des virus causant la poliomyélite ou la rougeole, l'influenza est causée chaque année par un virus différent, et sa prévention requiert une nouvelle immunisation à chaque

saison d'activité grippale. Cette grande versatilité est due à la propriété du virus d'accumuler des mutations aléatoires dans la structure de ses protéines (dérive antigénique) qui peuvent même, dans certains cas, lui permettre d'acquérir la capacité d'infecter une nouvelle espèce. Ainsi, la terrible épidémie de grippe espagnole de 1918 serait due à une mutation d'un virus aviaire qui lui a permis d'infecter les cellules humaines. Dans la plupart des cas, cependant, l'acquisition d'un nouveau caractère virulent survient lorsque des virus de l'influenza distincts infectent simultanément un animal et génèrent des virus hybrides, contenant des éléments provenant de chacun d'eux (saut antigénique). Par exemple, le virus H3N2, responsable actuellement de la majorité des épidémies de grippe annuelles, est initialement apparu lors de l'infection de porcs avec le H2N2 humain et certains virus aviaires, générant une nouvelle forme capable d'infecter efficacement les humains. Ce type de recombinaison est fort avantageux pour le virus, car il lui permet de modifier radicalement son potentiel infectieux ou sa virulence et, ainsi, de présenter un profil nouveau, capable de

Pandémies de grippe du XXe siècle				
Pandémie	Année	Type de grippe	Mortalité mondiale	Taux de mortalité
Grippe espagnole	1918-1920	A/H1N1	20-100 millions	2 %
Grippe asiatique	1957-1958	A/H2N2	1-1,5 million	0,13 %
Grippe de Hong Kong	1968-1969	A/H3N2	0,75-1 million	‹ 0,1 %
Grippe H1N1	2009	A/H1N1	10 000	0,01-0,03 %

Figure 4

contourner les défenses immunitaires mises en place lors d'infections précédentes. Lorsque les dés roulent en faveur du virus, il y a production d'une forme particulièrement virulente et infectieuse qui peut provoquer le déclenchement d'une épidémie aux conséquences redoutables.

Chaque année, on estime que l'influenza touche de 5 % à 15 % de la population mondiale et peut causer jusqu'à 500 000 morts, surtout chez les jeunes enfants, les personnes âgées et celles qui souffrent de maladies chroniques. On l'oublie souvent, mais la grippe n'est pas une maladie bénigne !

Cependant, les épidémies qui découlent de l'apparition subite de nouvelles formes de virus particulièrement virulentes représentent la principale menace de l'influenza. Depuis un siècle, quatre principales pandémies ont touché la population mondiale, la plus catastrophique étant sans contredit celle de 1918, probablement la seule épidémie dont les ravages peuvent se comparer à ceux de la peste noire.

Mourir grippé

Le corps humain possède une bonne résistance au virus de l'influenza, et les gens en bonne santé réussissent dans la très grande majorité des cas à surmonter l'infection en quelques jours. Cependant, même avec un taux de mortalité de 1 %, les dommages causés par ce virus demeurent importants étant donné sa capacité à infecter une grande partie de la population, comme en témoignent les dizaines de millions de décès survenus durant l'épidémie de 1918. En ce sens, l'émergence d'une souche exceptionnellement virulente comme le H5N1 aviaire qui aurait acquis la capacité de se transmettre d'humain à humain demeure une préoccupation majeure qui maintient les organismes de santé publique sur un pied d'alerte.

L'entrée d'un seul virus dans une cellule des voies respiratoires déclenche un processus très rapide : quelques heures seulement après le début de l'infection, des milliers de nouveaux virus ont déjà été produits et sont à l'œuvre pour infecter les cellules adjacentes. L'influenza est un virus cytolytique, c'est-à-dire que sa reproduction provoque la mort des cellules infectées, ce qui induit une réponse rapide du système immunitaire inné et le recrutement de cellules inflammatoires au site des dommages cellulaires. C'est d'ailleurs cette inflammation qui est responsable de la toux associée à la grippe, un réflexe ayant pour but d'expulser les débris et les agents étrangers présents dans les voies respiratoires. Chez une personne en bonne santé, cette inflammation provoque un branle-bas de combat qui entraîne le recrutement de l'ensemble du système immunitaire et généralement la neutralisation complète du virus quelques jours plus tard. Par contre, lorsque l'immunité n'est pas optimale, comme chez les jeunes enfants ou les personnes âgées ou malades, la destruction des cellules respiratoires par le virus crée une occasion idéale pour d'autres pathogènes, notamment les bactéries présentes dans les voies respiratoires ; celles-ci peuvent alors infecter les tissus affaiblis et provoquer une pneumonie. Lorsque les cellules impliquées dans l'absorption de l'oxygène de l'air sont touchées, la réduction de la fonction pulmonaire peut dégénérer et causer la mort. La grande majorité des morts associées à la grippe espagnole ont été le résultat de ce type de pneumonie bactérienne, découlant de la destruction des cellules respiratoires par le virus de l'influenza.

Complètement à l'inverse, on soupçonne que certains décès causés par la grippe sont dus à une trop forte réaction du système immunitaire (*cytokine storm*), un phénomène qui pourrait expliquer que certaines souches induisent un taux de mortalité anormalement élevé chez les jeunes adultes en bonne santé. Cette suractivation de l'immunité provoquerait la génération de quantités beaucoup trop élevées de molécules inflammatoires, entraînant du même coup la destruction pure et simple des tissus respiratoires.

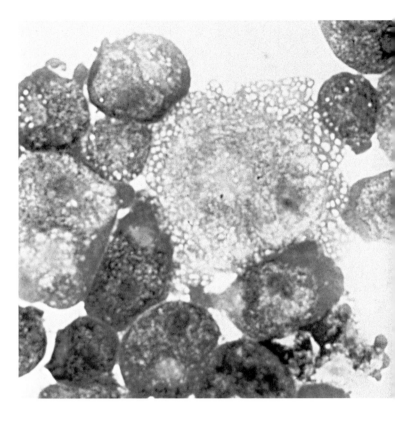

Sida : la marque d'un virus dévastateur

Le syndrome d'immunodéficience acquise (sida) est le nom donné à l'ensemble des symptômes qui découlent de la destruction de certaines cellules du système immunitaire par le virus de l'immunodéficience humaine (VIH). Apparu chez les humains vers la fin des années 1970, ce virus est particulièrement machiavélique, car il s'attaque spécifiquement aux lymphocytes CD4, une classe de globules blancs qui agissent comme de véritables chefs d'orchestre de la réponse immunitaire en coordonnant la production d'anticorps. En inactivant ainsi le haut commandement de l'escouade immunitaire, le VIH finit à la longue par semer le désarroi parmi les cellules « soldats » qui ont besoin d'ordres précis pour éliminer les agents étrangers, puis une désorganisation complète lorsqu'il ne reste plus suffisamment de lymphocytes CD4. L'apparition du sida est l'aboutissement d'un long processus (en moyenne de

∧ Vue au microscope de lymphocytes T infectés par le VIH   **159**

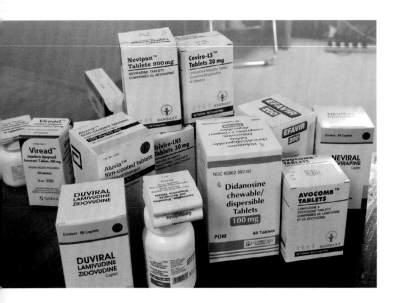

fréquence inhabituelle a conduit à la découverte de l'épidémie au début des années 1980. Même si, dans les pays industrialisés, la mortalité associée au sida est loin de celle qui découle des maladies chroniques (par exemple, 20 000 décès en 2007 contre 550 000 causés par le cancer aux États-Unis), cette maladie frappe de façon particulièrement cruelle certains pays d'Afrique, où elle est maintenant la première cause de mortalité.

La contribution extraordinaire de scientifiques de génie comme Louis Pasteur (aseptie, vaccin) et Alexander Fleming (pénicilline) a joué un rôle de premier plan dans la chute spectaculaire de la mortalité associée aux maladies infectieuses. Malgré tout, les microbes constituent encore aujourd'hui une menace constante pour la vie humaine. Que ce soit l'apparition récente du virus du sida, le retour en force de bactéries résistant aux antibiotiques, l'émergence de virus absolument terrifiants comme ceux de l'Ebola et de Marburg ou encore la forte probabilité qu'une nouvelle souche de grippe virulente apparaisse au cours des prochaines années, tous ces agents infectieux nous rappellent que le combat contre ces ennemis invisibles n'est pas gagné et ne le sera vraisemblablement jamais. Notre peur innée des microbes est donc justifiée : aucune maladie, aucun poison, aucune arme, quels que soient sa puissance ou son rayon d'action, ne possède un potentiel destructeur comparable à celui des microbes, capables de tuer en un temps record des centaines de millions de personnes. Les microbes auront-ils un jour le dernier mot ?

dix ans), au cours duquel la multiplication du virus dans les cellules immunitaires sape lentement mais inexorablement leur fonction et rend la personne infectée incapable de se défendre contre des bactéries, des virus, des champignons et d'autres parasites normalement pris en charge par nos défenses. Lorsque cette chute de résistance aux infections apparaît, la maladie évolue très rapidement et cause généralement la mort en moins d'une année. La majorité des décès résultent d'infections opportunistes, à cause de l'extrême vulnérabilité du système immunitaire : pneumonies, tuberculose, toxoplasmoses et autres infections. Plusieurs types de cancers sont également associés au décès des gens souffrant du sida : les lymphomes et surtout le sarcome de Kaposi, un cancer rare, dont l'apparition à une

∧ Quelques médicaments antirétroviraux utilisés pour le traitement du VIH

> Bayo Iribhogbe, *Sans titre II – Épidémie africaine de sida*

Chapitre 7

Poisons : fascination et danger

«Winston, si vous étiez mon mari, je verserais du poison dans votre thé.
– Madame, si vous étiez ma femme, je le boirais.»

Winston Churchill (en réponse à Nancy Astor)

Il y a près de 3 000 ans, les marchands phéniciens établis en Sardaigne avaient élaboré un rituel fort macabre pour mettre un terme aux jours des personnes âgées incapables de s'occuper d'elles-mêmes. Elles étaient d'abord empoisonnées à l'aide d'une potion paralysante, après quoi elles étaient soit jetées du haut d'une falaise, soit lapidées ou rouées de coups jusqu'à ce que mort s'ensuive. Curieusement, la contraction des muscles faciaux induite par le poison provoquait chez le mort la formation d'une grimace ressemblant à un sourire, un peu comme si la personne exprimait sa reconnaissance d'être enfin délivrée du fardeau de son existence. Les raisons de cette euthanasie pour le moins radicale demeurent nébuleuses, mais ces «morts souriants» ont néanmoins laissé leur trace dans notre vocabulaire courant, car lorsque Homère écrivit que «Ulysse évite le coup en incli-

nant doucement la tête; mais du fond de son âme, il laisse échapper un rire sardonique» (*Odyssée*, Chant XX), il faisait référence à un sourire quelque peu moqueur, semblable à celui des vieillards de Sardaigne «ayant assez vécu».

On sait maintenant que la fameuse potion était fabriquée avec de l'œnanthe safranée (*Œnanthe crocata*), une plante de la famille des Ombellifères (Apiacées) dont les racines, au goût doux et agréable, ressemblent un peu au navet. Ces tubercules sont cependant extrêmement toxiques, car ils contiennent une neurotoxine puissante, l'œnanthotoxine, qui provoque un spasme des muscles faciaux et l'apparition de ce que l'on appelle un *risus sardonicus*, c'est-à-dire une «grimace» due à la contraction de ces muscles. (On peut se demander si les effets de cette plante n'ont pas inspiré les créateurs du Joker, l'ennemi juré

de Batman, dont l'arme mortelle préférée est une substance toxique qui cause l'apparition d'un sourire chez ses victimes.)

La toxine sardonique est à peu de chose près identique à la cicutoxine, une des molécules toxiques présentes dans la grande ciguë (*Conium maculatum*). Cette plante bien connue est l'un des ingrédients principaux du poison utilisé en Grèce antique pour exécuter les condamnés à mort. Elle a notamment été bue par Socrate, accusé d'avoir «corrompu» la jeunesse athénienne par ses pensées. Ces deux plantes, tout à fait anodines en apparence, sont donc une bonne illustration des immenses dangers que recèle la nature qui nous entoure et, surtout, de la capacité des humains à reconnaître ces poisons et à les utiliser à des fins meurtrières.

Des plantes dangereuses

Même si nous voyons souvent la guerre chimique comme une menace récente, causée par les effets indésirables d'une technologie toujours plus destructrice, cette stratégie est en fait la copie conforme d'une tactique mise au point par les plantes il y a plusieurs millions d'années. Face à un danger qui les menace, les animaux (y compris les humains) adoptent spontanément l'une ou l'autre de ces stratégies : la lutte directe, de façon à neutraliser la menace, ou la fuite, dans l'espoir d'éviter les conséquences fâcheuses d'un affrontement avec un adversaire plus puissant. Les organismes moins évolués comme les plantes ne sont

Plantes toxiques

Ricin commun

Plante ornementale très appréciée pour le port majestueux de ses feuilles palmatilobées, le ricin commun (*Ricinus communis*) est surtout cultivé pour les multiples applications industrielles de l'huile contenue dans ses graines. Cette huile de ricin (anciennement appelée « huile de castor » parce qu'elle a remplacé le castoréum, sécrété par les glandes sexuelles des castors) est sans danger et a longtemps été utilisée dans la tradition médicinale populaire comme laxatif et comme déclencheur des contractions utérines. Cependant, la graine de ricin contient également une grande quantité de ricine, une protéine extrêmement toxique (environ 6000 fois plus que le cyanure) en raison de sa capacité à bloquer complètement la synthèse de protéines dans les cellules. La grande toxicité de la ricine a été particulièrement bien illustrée par l'assassinat spectaculaire du dissident Georgi Markov par les services secrets bulgares, le 7 septembre 1978. Critique acharné du régime communiste bulgare depuis son départ du pays en 1969, Markov traversait le Waterloo Bridge de Londres, au-dessus de la Tamise, lorsqu'il fut heurté à la jambe par un homme portant un parapluie. Pris d'une forte fièvre le soir même, il mourut trois jours plus tard. L'autopsie révéla la présence d'un petit projectile de platine de la taille d'une tête d'épingle dans son mollet ainsi que des traces de ricine à la surface de l'objet. Selon les données actuellement disponibles, on pense que le meurtre a été commis par Francesco Giullino, un agent de la Durzhavna Sigurnost (l'équivalent bulgare du KGB), à l'aide d'un parapluie muni d'un système pneumatique permettant de tirer de petits projectiles.

Laurier-rose

Malgré sa beauté et l'élégance de ses fleurs, le laurier-rose (*Nerium oleander*) est l'une des plantes les plus toxiques du règne végétal. Toutes ses parties contiennent des poisons très puissants, notamment l'oléandrine, la nérianthoside et la rosaginoside. Ces alcaloïdes interfèrent avec l'activité de l'ATPase Na$^+$-K$^+$ au niveau des cellules musculaires cardiaques, empêchant la contraction musculaire et provoquant de ce fait l'arrêt du cœur. La toxicité de ces alcaloïdes est telle qu'une seule feuille de laurier-rose peut tuer un enfant.

If

Arbuste fréquemment utilisé à des fins ornementales, l'if commun (*Taxus baccata*) n'en demeure pas moins l'un des arbres les plus toxiques de la planète. Toutes les parties de la plante (sauf la chair de l'airelle chez les spécimens femelles) contiennent de la taxine, un mélange complexe d'alcaloïdes qui sont rapidement absorbés au niveau de l'intestin et provoquent l'arrêt des battements cardiaques. La grande toxicité de l'if est connue depuis des temps immémoriaux. Des préparations de la plante étaient même utilisées par des femmes désespérées afin de provoquer un avortement ; malheureusement, la mort de la mère précédait très souvent celle du fœtus. L'if n'a cependant pas que des aspects négatifs, puisque l'écorce d'une espèce nord-américaine (*Taxus brevifolia*) contient une molécule appelée « taxol » (paclitaxel), utilisée dans la chimiothérapie des cancers de l'utérus et du sein. Le traitement d'une seule patiente nécessitant en moyenne l'écorce de cinq ou six arbres centenaires, d'autres moyens de synthèse du médicament ont été par la suite mis au point avec des aiguilles de l'if commun, ce qui a permis de découvrir le taxotère, une molécule deux fois plus efficace que le taxol contre certaines tumeurs.

cependant pas capables d'utiliser cette stratégie du « *fight or flight* » : elles ne peuvent « prendre leurs racines à leur cou » pour fuir la menace, et l'absence de systèmes nerveux et musculaire exclut évidemment toute possibilité d'une lutte physique avec leurs agresseurs. Il s'agit d'un problème de taille pour des organismes se trouvant aux premiers échelons de la chaîne alimentaire ! Pour contourner ces handicaps et éviter d'être décimées complètement par la menace des animaux herbivores ou des microorganismes phytophages (virus, bactéries, champignons), les plantes ont élaboré au fil de l'évolution une variété ahurissante de molécules hautement toxiques, des poisons foudroyants susceptibles de causer rapidement la mort du consommateur imprudent.

La grande toxicité de l'œnanthe et de la ciguë mentionnées plus tôt n'a donc rien d'exceptionnel : la présence de poisons violents est au contraire une caractéristique intrinsèque de la grande majorité des végétaux, et même de plusieurs magnifiques plantes ornementales couramment cultivées dans nos jardins (voir encadré p. 165).

La toxicité de ces molécules est même exploitée en pharmacologie moderne, et environ la moitié des médicaments utilisés en chimiothérapie du cancer sont d'origine végétale. La beauté des végétaux n'a souvent d'égale que leur foudroyante toxicité !

Cette stratégie fort efficace a eu des répercussions extraordinaires non seulement sur la biodiversité du monde végétal, en plaçant les plantes dans une niche écologique importante, mais également sur l'ensemble de la vie sur la Terre, qui a dû s'adapter à cette omniprésence de poisons. La stratégie utilisée par le papillon monarque (*Danaus plexippus*) est une excellente illustration de l'ingéniosité de l'évolution pour parvenir à cette adaptation: au stade larvaire, la chenille du monarque se nourrit d'asclépiades, une plante riche en poisons cardiaques (cardénolides), et stocke ces poisons dans un compartiment spécialisé jusqu'au développement du papillon adulte. Les concentrations de poisons dans le papillon sont telles qu'elles provoquent un vomissement chez les oiseaux qui tentent de se le mettre au menu, et constituent donc une protection efficace pour la survie de l'insecte. Évidemment, il s'agit d'un processus évolutionnaire très complexe et certaines espèces d'oiseaux ont acquis en contrepartie une résistance aux poisons du monarque! Donc, aussi paradoxal que cela puisse paraître, la diversité et la beauté époustouflantes de la nature sont très souvent des conséquences directes de la « guerre froide » que se livrent un grand nombre de prédateurs et de proies, chacun d'entre eux tenu en équilibre par le pouvoir toxique de son vis-à-vis. Cette guerre chimique continuelle est bien illustrée par l'évolution chez les animaux d'un grand nombre d'enzymes, notamment les cytochromes P450, capables de transformer ces molécules toxiques en substances moins dangereuses pouvant être éliminées de l'organisme avant de causer trop de dommages. Seulement chez les humains, pas moins de 57 gènes servent à la production des différents cytochromes P450!

Morsures mortelles

Même si la plupart des poisons se trouvent dans le monde végétal, plusieurs animaux ont également mis au point un arsenal toxique qui n'a rien à envier à celui des plantes, et l'utilisation de ces poisons sous forme de venin a été adoptée très tôt dans l'évolution par un nombre impressionnant d'espèces (voir encadré p. 168-169).

La toxicité des venins n'est pas attribuable à des molécules de structures relativement simples comme c'est le cas pour le poison des plantes, mais à des mélanges complexes de protéines qui ciblent plusieurs processus essentiels à la vie. Le venin de certains serpents, par exemple, est un mélange d'une extrême complexité qui peut contenir simultanément de multiples enzymes destinées à faciliter la digestion de la proie, ainsi que des centaines de toxines qui paralysent la respiration et la pulsation cardiaque ou encore attaquent les vaisseaux sanguins et les muscles pour entraîner des hémorragies et des nécroses (Figure 1).

∧ Chenille du monarque

＞ Papillon monarque

Animaux toxiques

Conus geographicus

Si les quelque 500 espèces d'escargots marins (cônes) sont inoffensives, certains membres de cette famille sont des prédateurs carnivores redoutables. L'espèce la plus dangereuse, *Conus geographicus*, se nourrit de poissons grâce à une fine trompe armée d'un « harpon » enduit d'un venin qui contient une grande variété de petites protéines appelées « conotoxines » bloquant l'influx nerveux et paralysant les victimes. Le venin de ce coquillage, sans doute le plus venimeux du globe, peut tuer un homme en deux heures.

Chironex fleckeri

La cuboméduse d'Australie, aussi appelée « guêpe de mer », est l'animal marin le plus venimeux du globe. Ses nombreux tentacules, qui atteignent jusqu'à 4 m de longueur, contiennent chacun 500 000 cnidocytes, des cellules venimeuses possédant un « harpon » qui peuvent se loger dans la peau de la victime à la suite d'un contact avec la méduse. Le venin renferme une multitude de protéines qui provoquent une douleur atroce pendant plusieurs semaines et, à dose élevée, paralysent le cœur et les poumons pour causer la mort en moins de cinq minutes. Puisque chaque tentacule contient suffisamment de toxines pour tuer cinquante hommes, il n'est pas étonnant que cette cuboméduse soit la principale cause de mortalité due à un organisme marin, avec plus de 5000 morts depuis 1954.

Phyllobates terribilis

En dépit de sa petite taille (35 mm), cet amphibien vivant en Colombie est actuellement considéré comme l'animal vertébré le plus venimeux du monde. Une seule grenouille exsude par les pores de sa peau suffisamment de batrachotoxines pour tuer 20 000 souris ou 10 humains !

Taïpan du désert

Le taïpan (*Oxyuranus microlepidotus*) possède le venin le plus toxique de la famille des serpents, une seule dose pouvant tuer 100 hommes ! Fort heureusement, le taïpan vit dans les régions arides du centre de l'Australie et est de nature plutôt farouche...

Scorpion

Vivant principalement dans les déserts d'Afrique du Nord et du Moyen-Orient, *Leiurus quinquestriatus* (le rôdeur mortel) est de loin le scorpion le plus dangereux du monde. De couleur jaune paille et d'une longueur de 9 cm à 11,5 cm à l'âge adulte, cet arthropode produit une toxine qui empêche l'entrée de chlore dans les neurones, provoquant le blocage de l'influx nerveux et la mort par paralysie.

La morsure de serpent: destructrice!

Classe	Exemples	Mécanisme d'action
α-neurotoxines	α-bungarotoxine, α-toxine, érabutoxine, cobratoxine	Les neurotoxines bloquent la transmission neuromusculaire en se liant, comme le curare, sur le récepteur cholinergique présent sur les fibres musculaires squelettiques.
κ-toxines	κ-toxine	Les κ-toxines bloquent certains récepteurs cholinergiques du système nerveux central.
β-neurotoxines	Notexine, ammodytoxine, β-bungarotoxine, crotoxine, taipoxine	Les β-neurotoxines bloquent la transmission neuromusculaire en empêchant la libération de l'acétylcholine par les terminaisons nerveuses. Pourraient interagir avec un canal potassium sensible au voltage.
Dendrotoxines	Dendrotoxine, toxines l et k	Les dendrotoxines augmentent la quantité d'acétylcholine libérée par les terminaisons nerveuses. Pourraient interagir avec un canal potassium sensible au voltage.
Cardiotoxines	γ-toxine, cardiotoxine, cytotoxine	Les cardiotoxines perturbent les membranes plasmiques de certaines cellules (fibres cardiaques, cellules excitables...) et provoquent leur lyse. Provoquent un arrêt cardiaque.
Sarafotoxines	Sarafotoxines a, b et c	Les sarafotoxines a, b et c sont de puissants vasoconstricteurs qui affectent le système cardio-vasculaire dans son ensemble. Provoquent un arrêt cardiaque.
Myotoxines	Myotoxine-a, crotamine	Les myotoxines provoquent la dégénérescence des fibres musculaires en interagissant avec un canal sodium dépendant du voltage.
	Phospholipase A2	Les phospholipases A2 provoquent la dégénérescence des fibres musculaires.
Hémorragines	Mucrotoxine A, toxine hémorragique a, b, c, HT1, HT2	Les hémorragines provoquent des hémorragies très importantes dues à une altération des parois vasculaires.

Figure 1

Source: R. Bauchot, *Serpents* (2005)

Le pouvoir meurtrier du venin de serpent est particulièrement élevé chez les membres de la famille des Élapidés (taïpans, cobras, mambas, najas, serpents de mer et serpents corail) et des Vipéridés (surtout la vipère de Russell, de nature très irritable). Parmi les quelque 5 millions de personnes mordues chaque année par un serpent, celles qui ont la malchance de rencontrer une de ces espèces risquent de faire partie des 125 000 décès annuels causés par une morsure de serpent...

Poisons apprivoisés

Détecter la présence de poisons de façon à éviter la mort constitue évidemment une aptitude de base pour la survie d'une espèce, ce qui est bien illustré par la grande quantité de gènes associés aux sens du goût et de l'odorat chez la plupart des espèces vivantes. Chez les humains, cette détection fait aussi intervenir une importante composante culturelle, puisque les connaissances acquises sur les propriétés toxiques d'une plante ou d'un animal sont transmises de génération en génération. Si ce savoir est d'une importance primordiale, d'abord et avant tout pour l'identification d'aliments qui peuvent être consommés de façon sécuritaire, il n'en demeure pas moins que les connaissances acquises sur le caractère toxique de plusieurs éléments de la nature ont également ouvert de nouvelles « possibilités » quant à l'utilisation de ces poisons. Un de ces premiers usages

est certainement l'amélioration de la chasse. Par exemple, les chasseurs masaï du Kenya utilisaient, il y a plus de 18 000 ans, des extraits de plantes contenant de puissants cardiotoxiques pour accroître l'efficacité de leurs flèches, une stratégie semblable à celle des peuples d'Amérique du Sud qui, eux, se servaient de curare. Malheureusement, il n'y avait qu'un pas à franchir pour que cet effet meurtrier des poisons sur les animaux soit appliqué aux humains, et cette nouvelle arme a été utilisée très tôt à des fins guerrières, comme en témoigne l'origine du mot « toxique », dérivé du grec « *toxicon* », qui signifie « poison pour flèche ».

^ Un Yanomami faisant sécher du poison sur des flèches près d'un feu

Loin d'être limitée aux flèches, l'utilisation des poisons à des fins meurtrières semble aussi vieille que l'émergence des civilisations. Le *Codex Ebers*, un traité médical égyptien vieux de 3500 ans, décrit les propriétés toxiques d'une foule de substances, en particulier l'arsenic, la mandragore, la ciguë et l'aconit. Les anciens Égyptiens avaient même découvert une façon d'extraire des noyaux de pêche un puissant poison qu'ils utilisaient pour soumettre les personnes soupçonnées de délits à l'« épreuve du poison ». Selon la croyance de l'époque, ces substances étaient létales pour les coupables, mais inoffensives pour les innocents. Dans le cas de ce « châtiment de la pêche », beaucoup d'innocents ont dû être injustement condamnés, car on sait maintenant que cet extrait contient de l'amygdaline, une molécule qui provoque la libération de cyanure lorsqu'elle passe dans l'intestin ! Le recours à un poison aussi redoutable que le cyanure à une époque si lointaine ne laissait donc rien présager de bon quant à l'inventivité des humains en ce domaine... D'ailleurs, instruments indispensables à l'acquisition du pouvoir pour certains, instruments de vengeance ou d'assouvissement pour les autres, les poisons sont devenus rapidement des substances pratiquement indissociables des pulsions criminelles de l'humanité.

Attaquer nos points faibles

L'oxygène étant essentiel à la vie, le moyen le plus efficace de causer la mort est évidemment de bloquer le plus vite possible l'apport en oxygène chez un être vivant. Les poisons sont particulièrement efficaces pour y arriver étant donné l'incroyable vitesse à laquelle ils peuvent interférer avec la transformation de l'oxygène en énergie au niveau même des cellules ; ou, indirectement, en bloquant des organes qui jouent un rôle important dans la distribution du sang et donc de l'oxygène (poumons, cœur).

Cyanure et arsenic

Le cyanure et l'arsenic sont sans doute les poisons les plus connus, autant pour leur rôle classique dans la littérature policière que pour leur utilisation répétée à des fins meurtrières tout au long de l'histoire. Durant l'Empire romain, une période où les empoisonnements étaient pratique courante dans les cercles du pouvoir, le cyanure fut d'une grande utilité à Néron pour éliminer son rival Britannicus (avec l'aide de Locuste, une célèbre empoisonneuse romaine). Au Moyen Âge, une époque où les poisons représentaient un des moyens les plus sûrs de grimper rapide-

< Salvator Rosa, *La Mort de Socrate* (détail)

ment les échelons sociaux, le trio formé par le pape Alexandre VI (Rodrigo Borgia) et ses enfants Cesare et Lucretia ont fait de l'empoisonnement systématique des rivaux une activité quasi récréative, grâce à un mélange mystérieux appelé « *cantarella* » (trioxyde d'arsenic et phosphore), capable de tuer instantanément ou à plusieurs jours d'intervalle, selon le dosage. Pas étonnant que le nom de Borgia soit encore aujourd'hui synonyme d'intrigue et de meurtre !

L'efficacité de l'arsenic a été confirmée à maintes reprises par la suite : certaines préparations comme l'*aqua toffana* de Mme Giulia Toffana et la « poudre de succession » de Mme Deshayes, dite « la Voisin », ont été utilisées à grande échelle pour éliminer de nombreux « indésirables », en particulier certains maris encombrants.

Cette « popularité » du cyanure et de l'arsenic comme instruments meurtriers est due en grande partie au fait que ces substances agissent directement sur le mécanisme permettant la transformation de l'oxygène que nous respirons en ATP, l'énergie biochimique utilisable par les cellules (voir chapitre 2). Le cyanure, par exemple, se fixe très vite à la cytochrome c oxydase, une protéine très importante qui fait partie de la chaîne respiratoire impliquée dans la synthèse de l'ATP ; en liant le fer associé à cette protéine, le cyanure bloque la chaîne à ce niveau et l'empêche de former l'ATP. La cellule devient donc rapidement incapable de « respirer » adéquatement, de sorte que les organes qui dépendent d'un apport constant en oxygène, comme le cerveau et le cœur,

cessent de fonctionner. Le cyanure est particulièrement dangereux sous sa forme gazeuse, le cyanure d'hydrogène, un composé très toxique qui attaque directement les poumons. C'était l'ingrédient actif du tristement célèbre Zyklon B, le produit utilisé par les nazis dans les chambres à gaz des camps d'extermination au cours de la Shoah.

Outre les nombreux meurtres commis à l'aide du cyanure, le pouvoir de cette molécule est bien

^ Portrait de Rodrigo Borgia, qui fut le pape Alexandre VI, artiste inconnu

des années 1970 et 1980 par des organismes de développement pour encourager les gens à cesser de boire les eaux de surface, vecteurs de maladies comme le choléra. Plus de 10 millions de puits ont été creusés, mais ce n'est que récemment que l'on s'est rendu compte qu'un fort pourcentage d'entre eux (40 %) contenait des concentrations d'arsenic pouvant atteindre plus de 10 fois la quantité maximale recommandée par l'OMS. Selon les experts, l'exposition prolongée à ces concentrations d'arsenic serait responsable de 125 000 cas de cancer de la peau et de 3000 décès causés par des cancers touchant les organes internes.

illustré par certains suicides célèbres, notamment celui de Hermann Göring, commandant nazi de la Luftwaffe, qui ingéra une capsule de cyanure de potassium la nuit précédant son exécution pour crime de guerre, de même que le suicide collectif de 909 adeptes (dont 276 enfants) de la secte du Temple du Peuple de Jim Jones, le 18 novembre 1978 au Guyana.

L'empoisonnement n'est cependant pas toujours intentionnel. Par exemple, plus de 70 millions de personnes vivant au Bangladesh ont été exposées à des concentrations toxiques d'arsenic dans l'eau potable, le plus grand empoisonnement de l'histoire selon l'OMS. Par un cruel coup du hasard, cette catastrophe est la conséquence malheureuse de mesures préconisées au cours

Les poisons gazeux : le monoxyde de carbone
Le monoxyde de carbone constitue une autre forme de poison métabolique qui modifie l'apport d'oxygène aux cellules. Ce gaz est particulièrement dangereux, car il est incolore, inodore et sans saveur, et il n'en faut que de très faibles concentrations pour provoquer la mort. L'intoxication au monoxyde de carbone est d'ailleurs l'empoisonnement le plus commun dans la plupart des pays industrialisés.

Le monoxyde de carbone (CO) est produit lors d'une combustion incomplète d'une source de carbone, qu'elle soit sous forme d'hydrocarbures (gaz et dérivés pétroliers) ou de matière

∧ Un des fours crématoires du camp de concentration nazi de Dachau, en Allemagne

∧ Un contenant de gaz Zyklon B utilisé comme poison mortel dans les chambres à gaz de certains camps de la mort nazis

organique (bois, charbon). Même si sa dangerosité est connue depuis longtemps (les Grecs et les Romains utilisaient la fumée toxique du charbon pour exécuter des criminels ou pour se suicider), ce n'est qu'à la suite des travaux du grand physiologiste français Claude Bernard que son mode d'action a été élucidé.

On sait maintenant que la toxicité du CO découle surtout de sa capacité à interagir avec l'hémoglobine, qui transporte l'oxygène dans les cellules. Chaque molécule d'hémoglobine possède quatre sites de liaison pour l'oxygène, lesquels travaillent ensemble pour maximiser la capture d'oxygène présent dans le sang artériel en provenance des poumons et le libérer au niveau des tissus et des organes. En présence de monoxyde de carbone, cependant, ce cycle est complètement perturbé, car ce gaz toxique possède une affinité pour l'hémoglobine deux cents fois plus élevée que l'oxygène et empêche donc le transporteur de capter efficacement l'oxygène. Cette liaison du monoxyde de carbone est d'autant plus dangereuse qu'elle empêche la libération des molécules d'oxygène liées aux autres sites de l'hémoglobine. En conséquence, même si la concentration d'oxygène dans le sang augmente, cet oxygène demeure associé à l'hémoglobine et ne peut être livré aux cellules. Cette situation entraîne une véritable panique dans l'organisme car le cœur cherche à compenser cette hypoxie en accélérant considérablement son rythme (tachycardie), ce qui augmente le risque d'angine, d'arythmie et d'œdème pulmonaire. Le cerveau, organe extrêmement dépendant de l'oxygène, est aussi une cible précoce du gaz toxique, et l'apparition de maux de tête, de nausées et de convulsions est un symptôme classique de ce type d'empoisonnement. Si cette situation n'est pas rapidement corrigée par un apport massif d'oxygène pour déplacer le monoxyde de carbone, l'arrêt de la distribution d'oxygène cause la mort de façon irrévocable. Toutes les activités qui comportent un processus de combustion (automobiles, poêles, etc.) sont susceptibles de produire du CO et il est capital d'éviter que la fumée ainsi dégagée ne soit confinée dans un espace restreint.

Mouvements nerveux

L'acétylcholine, un neurotransmetteur synthétisé à l'intérieur des neurones et stocké près de la jonction neuromusculaire, joue un rôle absolument essentiel dans la réponse des muscles à un signal provenant du système nerveux. Lorsqu'un nerf reçoit un stimulus, l'acétylcholine est libérée et diffuse très vite pour interagir avec des récepteurs situés à la surface des cellules musculaires. Ce signal déclenche une cascade complexe d'événements dont le point culminant est la contraction des fibres musculaires. Cependant, le neurotransmetteur doit être éliminé de l'espace synaptique pour permettre à la prochaine vague d'influx nerveux de stimuler le muscle à son tour ; cette élimination est effectuée par l'acétylcholinestérase, une enzyme présente dans l'espace synaptique et qui détruit l'acétylcholine. L'importance de ce processus est bien illustrée par la perfection

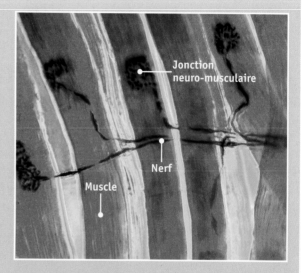

évolutive de l'acétylcholinestérase, cette dernière pouvant dégrader près de 4 000 molécules d'acétylcholine par seconde. En conséquence, la durée de vie de l'acétylcholine dans la jonction neuromusculaire n'est que d'environ une ou deux millisecondes.

Les poisons neurotoxiques : gaz de combat, strychnine, ciguë, curare

Alors que la mort causée par les poisons qui ciblent les mitochondries est due à leur action directe sur l'utilisation de l'oxygène par les cellules, d'autres types de poisons agissent de façon indirecte, en empêchant l'arrivée de l'oxygène dans les cellules. Ce mode d'action est plus complexe, mais tout aussi efficace !

Ces poisons possèdent la particularité d'interagir directement avec certaines composantes des cellules nerveuses et d'empêcher du même coup la transmission normale du signal nerveux. Dans plusieurs cas, ce blocage s'effectue au niveau de la jonction neuromusculaire, c'est-à-dire à l'endroit où l'impulsion nerveuse est décodée par les muscles de façon à provoquer une contraction et un mouvement (voir encadré). Les gaz de guerre inner-

∧ Terminaison des axones neuronaux au niveau de la jonction neuromusculaire

vants (sarin, tabun, gaz de série V) et certains pesticides organophosphorés (malathion, parathion) sont sans doute les meilleurs exemples de poisons qui exercent leurs effets toxiques en ciblant ce processus : ces agents neurotoxiques se lient à l'acétylcholinestérase et l'empêchent de décomposer l'acétylcholine, provoquant une accumulation du neurotransmetteur à la jonction neuromusculaire. La stimulation constante des récepteurs causée par le surplus d'acétylcholine provoque de violents spasmes musculaires suivis d'une paralysie du muscle du diaphragme qui entraîne rapidement un arrêt respiratoire et la mort par asphyxie. L'impact catastrophique de ces inhibiteurs de l'acétylcholinestérase est bien illustré par l'effet du sarin (gaz de combat), une molécule cinq cents fois plus toxique que le cyanure et capable de tuer une personne en moins d'une minute.

À l'opposé des inhibiteurs d'acétylcholinestérase, certains poisons comme le curare utilisé par les indigènes d'Amérique du Sud ou encore certaines toxines du venin de serpent bloquent la liaison d'acétylcholine à son récepteur et empêchent ainsi la transmission de tout influx nerveux. L'effet immédiat de cette action est la paralysie des muscles du diaphragme et l'arrêt de la respiration.

Enfin, un large éventail de poisons causent la mort en ciblant directement les cellules nerveuses pour les empêcher de transmettre l'impulsion électrique nécessaire au fonctionnement de plusieurs organes. Un des meilleurs exemples de ce mécanisme est l'horrible mort qui résulte d'un

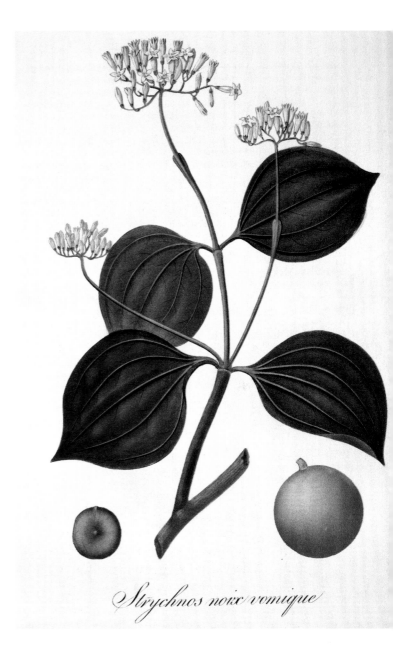

Strychnos noix vomique

^ Dessin de *Strychnos nux-vomica*, la plante produisant la strychnine, tiré de *Phytographie médicale* de Joseph Roques

Poisons d'origine alimentaire

Même lorsqu'on prend soin d'éviter les plantes et les animaux toxiques, certaines contaminations des aliments par des microorganismes peuvent provoquer de graves empoisonnements alimentaires. Plus de 200 maladies sont reconnues pour être transmises par la nourriture et, aux États-Unis, ces contaminations causent quelque 9000 décès par an. Malgré leur rareté et le nombre relativement restreint de décès qui leur sont associés, elles bénéficient d'une couverture médiatique importante et méritent que l'on s'y attarde.

Les empoisonnements alimentaires ne constituent pas un problème récent. Historiquement, un des exemples les plus spectaculaires de mort provoquée par la consommation d'aliments avariés est l'ergotisme, une maladie causée par un champignon (*Claviceps purpurea*) qui parasite les épis de seigle. Ce champignon produit de l'ergotamine, un alcaloïde très toxique qui occasionne, chez les personnes ayant consommé du seigle contaminé, des brûlures intenses, des hallucinations, des convulsions et même la perte de certains membres découlant de la réduction importante de la circulation sanguine provoquée par le poison (au Moyen Âge, plusieurs récits ont rapporté que des personnes touchées par cette maladie partaient chez le médecin en emportant avec eux le bras ou la jambe qu'ils venaient de perdre). Certains scientifiques ont avancé que les symptômes associés à ce « mal ardent » étaient fort semblables à ceux décrits durant le procès des sorcières de Salem; ils ont soulevé l'intéressante possibilité que les

empoisonnement à la strychnine, un alcaloïde isolé des fruits du vomiquier (*Strychnos nux-vomica*) utilisé comme raticide (et parfois comme produit de coupe de l'héroïne vendue dans la rue). La strychnine interfère avec le signal produit par la glycine, un neurotransmetteur inhibiteur qui agit dans plusieurs régions du cerveau pour éviter que la contraction musculaire ne s'emballe. Une dizaine de minutes après l'ingestion, la perte de maîtrise musculaire due au poison se manifeste par l'apparition de spasmes de plus en plus intenses, qui peuvent augmenter jusqu'à provoquer un opisthotonos, c'est-à-dire un état rigide où le corps est arqué en arrière et, dans certains cas, un *risus sardonicus*. De deux à trois heures après le début des souffrances, les muscles s'épuisent et la paralysie des voies respiratoires entraîne la mort.

∧ Le 20 mars 1995, des membres de la secte Aum Shinrikyō ont causé une vive commotion en attaquant le métro de Tokyo à l'aide de gaz sarin en pleine heure de pointe, tuant une douzaine de personnes et en blessant plus de 5 000.

symptômes d'envoûtement que présentaient les jeunes filles soient liés à une contamination du seigle, céréale abondamment cultivée dans cette région. Fort heureusement devenu très rare, sinon inexistant, l'empoisonnement à l'ergot de seigle est maintenant remplacé par d'autres contaminations alimentaires d'origine microbienne, attribuables la plupart du temps à de mauvais procédés de conservation des aliments.

Botulisme. Le botulisme est une intoxication alimentaire rare mais grave, causée par la présence de toxines botuliques dans les conserves alimentaires. Ces toxines, produites par la bactérie *Clostridium botulinum,* sont les poisons les plus puissants du monde vivant, un microgramme (un millième de milligramme) pouvant provoquer la mort d'un humain. À la suite de l'ingestion d'un aliment contaminé, les toxines pénètrent à l'intérieur des cellules neuronales et dégradent certaines protéines essentielles à la libération d'acétylcholine au niveau des jonctions neuromusculaires. L'absence de neurotransmetteur empêche la contraction des muscles et entraîne la paralysie respiratoire, donc la mort. Puisque *C. botulinum* est une bactérie incapable de s'implanter dans le corps humain, le botulisme est toujours occasionné par des toxines qui se sont formées dans l'aliment, en général des salaisons domestiques ou des conserves mal stérilisées. Par bonheur, la bactérie, très sensible à la chaleur, peut être éliminée par simple ébullition.

Plus récemment, la toxique botulique a considérablement amélioré sa réputation grâce à son utilisation cosmétique (Botox™) : injecté localement, le poison provoque la paralysie des muscles situés sous les rides, atténuant ces dernières pendant quelques mois.

Des hamburgers mortels. E. coli O157:H7, une bactérie qui se trouve à l'état naturel dans l'intestin des bovins, doit sa présence dans l'alimentation humaine à une contamination des carcasses d'animaux dans les abattoirs ou encore à l'utilisation de fumier contenant cette bactérie comme fertilisant pour la culture de certains légumes. L'aliment le plus susceptible d'être contaminé par cette bactérie est sans contredit la viande de bœuf hachée. La contamination se produit lorsque la chair entre en contact avec les viscères ou les excréments de l'animal au cours de l'abattage ou du découpage de la carcasse. Même si toutes les coupes provenant d'une carcasse contaminée sont susceptibles de contenir la bactérie, celle-ci demeure en surface et peut donc être inactivée par la cuisson de la viande à haute température. Dans la viande hachée, par contre, la bactérie se répartit uniformément et peut survivre à une cuisson incomplète.

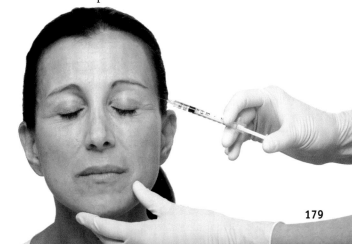

Alors que cette bactérie est tout à fait inoffensive pour les bovins étant donné son incapacité à se lier aux cellules de ces animaux et à les pénétrer, sa présence dans le corps humain peut entraîner de graves complications, qui se manifestent d'abord par des crampes abdominales et des diarrhées hémorragiques. Chez certaines personnes, en particulier les jeunes enfants et les personnes âgées, les bactéries peuvent s'installer et produire une puissante toxine (shigatoxine) qui atteint la circulation sanguine et attaque la paroi des vaisseaux sanguins. Cela provoque une cascade complexe qui aboutit au développement du syndrome hémolytique et urémique. Cette maladie se caractérise par une importante baisse de la quantité de plaquettes sanguines (thrombocytopénie), la destruction des globules rouges et une perte de la fonction rénale. À un certain stade, l'atteinte aux organes devient irréversible et cause la mort.

Les poisons susceptibles de nous tuer peuvent donc être d'origine inorganique, végétale ou animale. Ils ont en commun la propriété de cibler les deux points faibles de notre évolution biochimique : une dépendance absolue à l'oxygène comme source d'énergie métabolique et une coordination extrêmement raffinée des neuro-transmetteurs qui permettent à notre cerveau de contrôler l'ensemble du corps. Les stratégies évolutives d'attaque ou de défense du monde biologique se sont donc orientées de préférence sur ces cibles idéales. Les poisons végétaux sont surtout de nature défensive et servent à protéger la plante, qui ne peut ainsi être consommée. Ces toxines sont le mécanisme de défense le plus important du monde végétal. L'omniprésence des poisons dans les végétaux et l'importance de ces aliments dans l'histoire de l'humanité se traduisent encore aujourd'hui par notre grande sensibilité à l'amertume, une caractéristique chimique commune à beaucoup de ces poisons. Cette adaptation gustative nous a sauvés de bien des intoxications durant les 200 000 ans où nous avons cueilli et goûté les 400 000 espèces de végétaux existant sur la Terre pour retenir les 25 000 que nous appelons fruits, légumes, herbes, épices, thé ou chocolat… Les poisons animaux peuvent, quant à eux, être de nature défensive ou offensive. En défense, leur présence est souvent associée à des couleurs vives qui constituent un signe de danger pour les prédateurs, lesquels préfèrent les éviter. En offensive, les molécules d'attaque servent à paralyser ou à tuer la proie, dont la capture et la digestion sont ainsi facilitées. Les poisons représentent un remarquable exemple de l'incroyable complexité d'adaptation de la vie sur terre. Ils sont un objet de vénération ou de crainte bien fondée dans toutes les cultures et à toutes les époques.

< Une culture de staphylocoque doré (*Staphylococcus aureus*), bactérie responsable de certaines infections

> Une grenouille (*Phyllobates terribilis*) dont le simple contact suffit à tuer un humain

Chapitre 8

Morts violentes

Il n'y a point de bête au monde
tant à craindre à l'homme que l'homme.

Michel de Montaigne (1533-1592)

La libération massive d'adrénaline associée à la réaction de combat-fuite, décrite plus tôt, a pour fonction de préparer l'individu à répondre à une menace, en la combattant ou en s'en éloignant. L'être humain n'est cependant pas pourvu de griffes acérées ou de dents tranchantes pour attaquer ; il n'est pas non plus particulièrement agile, ni protégé par une peau épaisse ou une carapace, ni assez rapide pour échapper à ses prédateurs. Si nous avons pu survivre aux pressions de sélection exercées par les autres êtres vivants dans le processus d'évolution, ce n'est pas grâce à une quelconque caractéristique physique exceptionnelle, mais grâce au développement important de notre cortex cérébral qui nous a dotés d'outils de survie destinés à compenser nos faibles moyens de défense anatomique. Dans un monde où le plus fort est généralement celui qui parvient à imposer sa loi, la domination de la nature par une espèce animale aussi faible que la nôtre est vraiment une exception, une anomalie qui fait de nous les animaux les plus curieux à avoir habité cette planète.

Dans une scène célèbre du film *2001, l'Odyssée de l'espace*, une tribu d'hommes préhistoriques affamés, chassés de leur point d'eau par un groupe rival, ont l'idée de se servir d'os comme armes pour tuer le gibier essentiel à leur survie. Sauvés par cette découverte capitale, ils n'en restèrent cependant pas là ; ils utilisèrent ces armes pour attaquer le point d'eau et tuer le chef du groupe ennemi. Cette scène est intéressante, car elle illustre à quel point la violence est inextricablement liée à l'évolution de l'humanité. En effet, que ce soit pour se nourrir, se reproduire ou prendre les possessions d'un rival, la découverte ou l'invention de nouvelles armes capables de générer une force « surhumaine », de soumettre des adversaires et d'imposer une certaine vision du monde a toujours été une des principales forces innovatrices des sociétés humaines. Encore aujourd'hui, plusieurs matériaux (téflon, kevlar, etc.) et la majeure partie des technologies devenues essentielles à la vie moderne (lasers, ordinateurs, internet, etc.) sont les fruits de travaux initialement réalisés dans une perspective militaire et qui n'auraient peut-être jamais eu lieu sans l'énergie et les énormes moyens financiers consacrés à la mise au point de nouvelles armes.

Course à l'armement

Toutes les armes ont pour principe commun de chercher à neutraliser ou à tuer le plus rapidement possible, tout en minimisant les risques d'être frappé en retour. En ce sens, malgré leur caractère primitif, les massues préhistoriques, prolongements artificiels du bras, marquaient une des étapes les plus importantes dans la transition des grands singes vers les premiers hominidés ; pour la première fois, elles ont remarquablement accru la force de frappe. L'efficacité de ces combats rapprochés s'est améliorée par la suite avec la fabrication des premiers couteaux en pierre ou en silex, ancêtres de ce qui allait devenir la grande famille des « armes blanches » (couteau, sabre, épée, etc.). Le principe de base de ces armes est de concentrer toute la force appliquée sur une toute petite surface (pointe ou tranchant de la lame) de façon à faciliter la pénétration de l'arme dans le corps de l'adversaire. La dangerosité d'une arme blanche ne doit pas être sous-estimée : par exemple, alors qu'une balle tirée d'un pistolet possède au contact de la peau une densité d'énergie d'environ 3 joules/mm^2, la pointe d'un couteau bien affûté manié par un adulte vigoureux a une densité de 200 joules/mm^2 ! C'est d'ailleurs pour cette raison que même si plusieurs vestes pare-balles bloquent efficacement les projectiles tirés par un grand nombre d'armes à feu, elles peuvent être impuissantes à bloquer un simple coup de couteau.

Bien entendu, l'efficacité des armes blanches est directement fonction de la façon dont leur lame est affilée. Les maîtres forgerons japonais, par exemple, sont parvenus à une maîtrise quasi parfaite de l'art de la fabrication des *katanas*, dont les lames étaient d'une telle finesse et d'une telle dureté qu'elles permettaient aux samouraïs de trancher facilement la tête d'un ennemi. Par contre, les résultats obtenus en Europe étaient parfois moins spectaculaires, la qualité des lames y laissait quelquefois à désirer. Ainsi, lorsque la reine d'Écosse Marie Stuart fut exécutée en 1587 pour sa participation présumée à un complot visant Élisabeth Ire, le premier coup de hache du bourreau n'entailla que l'arrière du crâne ; le deuxième tomba sur la nuque, mais ne réussit pas à lui couper complètement le cou et ce ne fut qu'au troisième coup que la tête tomba. Ce n'était pas un cas isolé, et ce sont d'ailleurs les spectacles affligeants offerts par ces décapitations ratées qui ont amené le docteur Joseph Ignace Guillotin à proposer quelques années plus tard une exécution plus humaine. Ce souhait allait inciter Antoine Louis et Tobias Schmidt à créer l'appareil qui porterait le nom du docteur : la guillotine.

En dépit de leur force de frappe, les armes blanches présentent l'inconvénient majeur de placer l'agresseur à proximité de sa cible qui, par le fait même, peut à son tour le frapper mortellement. La possibilité de tuer à distance a donc été une stratégie favorisée très tôt dans l'évolution des armes, comme en témoigne l'apparition successive du propulseur (-20 000 ans), de l'arc (-12 000 ans) et de l'arbalète (-7000 ans), dispositifs générant tous une force considérable, susceptible de neutraliser rapidement une proie ou un adversaire, tout en demeurant à bonne distance. Ce concept de meurtre à distance a atteint son apogée au

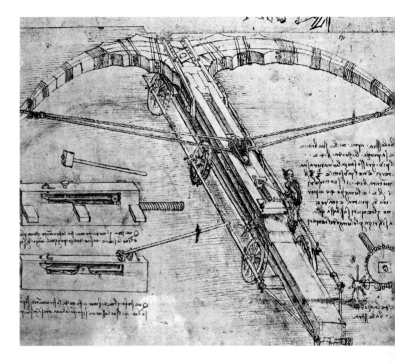

XXᵉ siècle avec l'invention des drones, avions sans pilotes capables de tuer des ennemis tout en étant contrôlés par des humains qui peuvent se trouver à des milliers de kilomètres.

^ Deux katanas japonais du XVIᵉ siècle

^ Une étude pour une gigantesque arbalète faite par Léonard de Vinci

Folie meurtrière

La violence qui sévit au sein de la grande majorité des sociétés, autant primitives que modernes, est illustrée par les innombrables massacres, sacrifices humains, tortures sanguinaires et batailles sanglantes qui se sont produits tout au long de l'histoire. Alors que l'on croit souvent que la guerre est une « invention » moderne des sociétés dites civilisées, plusieurs découvertes archéologiques montrent au contraire que beaucoup de peuples primitifs consacraient une bonne partie de leur temps à guerroyer avec des peuples voisins. Par exemple, les fouilles du site de Gebel Sahaba de l'ancienne Nubie, cimetière qui remonte à environ 14 000 ans, révèlent que 40 % des squelettes d'hommes, de femmes et d'enfants ont des projectiles de pierre enfoncés dans les os, indiquant une mort violente.

Si l'on peut concevoir l'utilisation de la violence à des fins alimentaires et même guerrières, un des aspects les plus mystérieux et les plus horribles de l'histoire des civilisations est la tendance constante des êtres humains à faire souffrir leurs semblables par la torture. Élongation, écartèlement, crucifixion, empalement, écorchement à vif et autres supplices sont utilisés depuis des temps immémoriaux pour punir des crimes graves, pour obtenir une preuve criminelle (l'aveu ou la dénonciation d'éventuels complices) ou, plus horrible encore, pour voir quelqu'un souffrir, par pur sadisme (voir encadré). Le pouvoir qu'a la torture de faire avouer la vérité à quelqu'un est cependant largement surfait, la souffrance ne servant très souvent qu'à « fabriquer » la réponse recherchée par les tortionnaires, sans égard à sa véracité. Par exemple, l'aveu étant considéré au Moyen Âge comme la preuve incontestable de la

(suite p. 190)

^ Un bombardier B-2 Spirit, accompagné de deux F-117A Nighthawks

Morts horribles

Même si par définition toutes les formes de torture provoquent des souffrances épouvantables, trois d'entre elles, l'écartèlement, la crucifixion et l'empalement, se distinguent par leur cruauté extrême. Le supplice de François Damiens, condamné à l'écartèlement pour avoir tenté d'assassiner le roi Louis XV, est ainsi décrit dans l'édit annonçant son exécution :

« [...] et sur un échafaud qui y sera dressé, tenaillé aux mamelles, bras, cuisses et gras de jambes, sa main droite, tenant en icelle le couteau dont il a commis ledit parricide, brûlée de feu et de soufre ; et, sur les endroits où il sera tenaillé, jeté du plomb fondu, de l'huile bouillante, de la poix résine brûlante, de la cire et du soufre fondus ensemble ; et ensuite son corps tiré et démembré à quatre chevaux, et ses membres et corps consumés au feu, réduits en cendres, et ses cendres jetées au vent. »

Le supplice annoncé fut en réalité encore plus terrible, car, malgré les souffrances infligées, les membres ne voulurent pas se détacher du corps en dépit de la force de six chevaux, et le bourreau dut taillader les cuisses et les épaules pour que la séparation des membres puisse se faire et que la sentence soit exécutée.

Probablement originaire de Perse vers le VIIᵉ siècle av. J.-C., la crucifixion est une autre méthode d'exécution cruelle, choisie dans le but

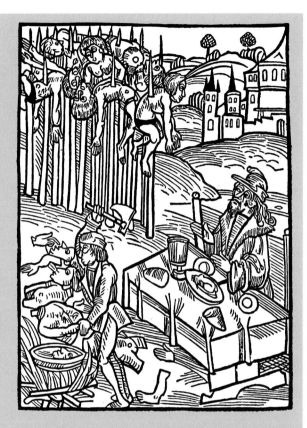

explicite de causer une mort lente, extrêmement douloureuse et humiliante. Les suppliciés étaient généralement battus, fouettés, puis attachés à l'aide de cordes ou de clous à une potence en forme de croix. Les blessures infligées par la flagellation, de même que la destruction des tissus par les clous, devaient provoquer des douleurs effroyables, d'autant plus atroces que, les organes vitaux n'étant pas touchés, l'agonie du

∧ Gravure représentant le sanguinaire Vlad III, dit l'Empaleur

supplicié pouvait durer très longtemps. Les causes du décès dépendaient vraisemblablement des circonstances et de l'état physique général de la victime, mais il est probable que l'épuisement, le choc hypovolémique causé par la déshydratation et la perte de sang ainsi que l'asphyxie en faisaient partie.

Châtiments très utilisés par les Romains pour réprimer les révoltes locales, ces exécutions ont parfois atteint des degrés d'horreur difficiles à imaginer. Ainsi, lorsqu'en 71 av. J.-C. Crassus mit un terme à la révolte des esclaves menés par Spartacus, il fit crucifier 6 000 esclaves tout le long des 200 km de la voie Appienne (Via Appia) reliant Rome à Capoue. La crucifixion de Jésus de Nazareth demeure cependant l'exécution qui a exercé la plus grand influence sur l'histoire du monde, sa mort sur la croix étant interprétée par les chrétiens comme un sacrifice pour la rédemption des péchés de l'humanité.

L'empalement est certainement la seule torture encore plus horrible que l'écartèlement et la crucifixion. Cette technique, utilisée à grande échelle par le prince de Valachie, Vlad III Basarab (1431-1476), surnommé Ţepeş («l'Empaleur»), consistait à enfoncer un pieu en bois (le pal) dans le corps de la victime et à le planter ensuite dans la terre de façon à le faire entrer graduellement sous la pression exercée par le corps. Le supplice était particulièrement horrible lorsque la pointe du pieu était arrondie et placée dans l'anus de manière à entrer lentement dans le corps pour finalement ressortir par la poitrine, les épaules ou la bouche, parfois plusieurs jours plus tard. On peut comprendre la terreur qu'inspirait le prince et ce que ressentit le sultan Mohammad lorsqu'il tenta d'envahir la Valachie:

«[...] il ne put se défendre d'un mouvement d'horreur en voyant se dresser devant lui une forêt de pals; sur une étendue d'une demi-lieue de longueur se trouvaient plus de vingt mille Turks et Bulgares, les uns empalés, les autres crucifiés. Au milieu d'eux, sur un pieu plus élevé, apparaissait encore Hamza-Pacha, revêtu de ses magnifiques habits de soie et de pourpre. On voyait, à côté de leurs mères, des enfants, dans les entrailles desquels les oiseaux avaient fait leurs nids. À l'aspect de ce théâtre d'atrocités, le farouche Sulthan s'écria: "Il est impossible de chasser de son pays un homme qui a pu y faire de si grandes choses, et qui a su si bien employer ses sujets et sa puissance. Cependant, ajouta-t-il, regrettant sans doute d'avoir ainsi révélé ses secrètes pensées, un homme qui a commis tant de crimes n'est guère estimable." » (Chalcondyle, *L'Histoire de la décadence de l'Empire grec et establissement de celuy des Turcs*, 1577)

Fils de Vlad II le Dragon (Vlad Dracul), Vlad l'Empaleur était aussi appelé Drăculea («petit dragon» en roumain), surnom à l'origine du personnage sanguinaire créé par Bram Stoker en 1897.

> Accusé torturé devant les membres de la cour en vue d'obtenir un aveu, vers 1450 (gravure d'après une peinture de A. Steinheil)

souvent de dire n'importe quoi pour faire cesser ces insupportables souffrances. Le plus troublant, c'est que ces violences étaient parfois pratiquées sous des prétextes nobles (du moins du point de vue de l'autorité !). La torture était même occasionnellement employée par l'Église catholique durant l'Inquisition.

L'homme est sans doute l'animal qui craint le plus la mort, mais, paradoxalement, il est aussi celui qui a le moins de scrupules à faire souffrir et à provoquer la mort de ses semblables. Une folie meurtrière qui n'a fait que s'accentuer avec l'invention des explosifs et des armes à feu.

Mettre le feu aux poudres

Si le développement de la métallurgie a conduit à la fabrication d'armes blanches meurtrières, la découverte de la poudre à canon est le véritable point tournant dans la capacité des humains à employer la violence pour obtenir ce qu'ils désirent. Cette « poudre noire » composée de salpêtre (nitrate de potassium), de charbon de bois et de soufre fut, selon toute vraisemblance, inventée par les Chinois au cours de la dynastie Tang (IXe siècle). Ceux-ci l'utilisaient surtout à des fins pyrotechniques (ils s'amusaient à confectionner des fusées en bourrant des tiges de bambou de cette poudre noire). On ne tarda pas cependant à découvrir le pouvoir meurtrier de cette poudre lorsqu'on l'utilise pour projeter des munitions à grande vitesse. Seul explosif connu de l'huma-

culpabilité de l'accusé, plusieurs techniques raffinées de « questionnement » ont été mises au point pour soutirer une confession « honnête », que ce soit à la suite de la « question de l'eau », où la victime était forcée d'ingurgiter plusieurs litres d'eau, ou l'écrasement des membres à l'aide de planches de bois (brodequins), pour n'en nommer que quelques-unes. Il va sans dire que la valeur de ces « aveux » était plus que douteuse, la réaction normale de l'accusé étant très

^ Représentation d'une célébration chinoise avec feux d'artifice

nité pendant plus de 500 ans, la poudre à canon a totalement redéfini les règles de la guerre, autant pour les stratégies d'attaque que pour l'élaboration de moyens de défense face à cette nouvelle arme puissante (voir encadré).

Comment une simple poudre, inerte à l'état naturel, peut-elle produire une telle explosion lorsqu'elle est chauffée par une flamme ? Dans des conditions normales, la combustion d'un corps est limitée par la disponibilité de l'oxygène de l'air. C'est d'ailleurs pour cette raison qu'un feu est attisé par le vent ou, à l'inverse, complètement étouffé si l'on bloque l'arrivée d'air. L'ingéniosité des explosifs réside dans le fait qu'ils contiennent à la fois des substances combustibles et des comburants, c'est-à-dire des substances capables de fournir l'oxygène essentiel à la combustion, même en l'absence d'air. Dans le cas de la poudre noire, l'oxygène est fourni par le salpêtre (KNO_3) qui, en présence d'une source de chaleur, oxyde les atomes de carbone du charbon de bois et du soufre pour former du gaz carbonique et de l'azote :

$$10 KNO_3 + 8C + 3S \rightarrow 2K_2CO_3 + 3K_2SO_4 + 6CO_2 + 5N_2$$

L'explosion causée par la poudre noire résulte donc de sa propriété de libérer, en un temps très court, une quantité considérable d'énergie chimique sous forme de chaleur, élevant ainsi à haute pression et à haute température les gaz produits dans la réaction. La chaleur ainsi générée, combinée à l'expansion des gaz, crée une onde explosive qui se déplace de 400 à 800 m/s. Lorsque cette explosion se produit dans un endroit confiné (canon, cartouche), cette énergie libérée

Tanegashima

Les armes à feu ont joué un rôle déterminant dans la conclusion du *sengoku jidai*, la guerre civile qui ravagea le Japon du XVe au XVIIIe siècle. En 1543, un navire chinois transportant des Portugais échoua sur l'île Tanegashima, au sud du Japon, avec à son bord des fusils à platines à mèche, armes très populaires à cette époque, mais tout à fait étrangères aux usages guerriers japonais qui reposaient encore exclusivement sur l'utilisation d'armes blanches (sabres, arcs, lances) par les *bushis*. Durant la fameuse bataille de Nagashino, le 29 juin 1575, Oda Nobunaga et son allié, le futur shogun Tokugawa Ieyasu, employèrent 3000 mousquets en trois vagues successives pour décimer la cavalerie du puissant clan Takeda et remporter une bataille déterminante pour la réunification du Japon. Racontée dans le film *Kagemusha* d'Akira Kurosawa (1980), l'utilisation de ces *tanegashima* au cours de la bataille de Nagashino constitue un exemple éloquent de la puissance des armes à feu et surtout de leur influence sur le cours de l'histoire.

est amplement suffisante pour éjecter à grande vitesse un projectile. Même si la poudre noire a depuis longtemps été remplacée par des explosifs plus performants à base de nitrocellulose et de nitroglycérine, et qu'elle n'est plus employée qu'en pyrotechnie, il n'en demeure pas moins que la grande majorité des engins explosifs artisanaux employés encore aujourd'hui fonctionnent selon le même principe. Par exemple, une molécule cousine du salpêtre, le nitrate d'ammonium (NH_4NO_3), permet de fabriquer des engins explosifs au pouvoir destructeur effrayant lorsqu'il est mélangé adéquatement avec un combustible. Cette molécule est présente dans plusieurs engrais et constitue donc un comburant facile d'accès, notamment en Afghanistan où elle est utilisée par les talibans pour la confection de bombes meurtrières dirigées contre les soldats de la force armée de l'OTAN. En Amérique, le nitrate d'ammonium est tristement célèbre pour son rôle fatal dans la destruction du Alfred P. Murrah Building à Oklahoma City par Timothy McVeigh en 1995, attentat qui a coûté la vie à 168 personnes, dont 19 enfants qui fréquentaient une garderie de l'immeuble.

Force de frappe

Puisque la fonction principale d'une arme est de propulser le plus rapidement possible un objet destiné à tuer (ou à neutraliser) une proie ou un ennemi, la découverte et la maîtrise des mélanges explosifs ont constitué un grand bond en avant dans l'histoire des armes en augmentant considérablement la vitesse ainsi que la distance franchie par un projectile (Figure 1). Par exemple, alors que le meilleur archer peut difficilement atteindre une cible située à plus de 50 m à cause de la gravité terrestre qui attire

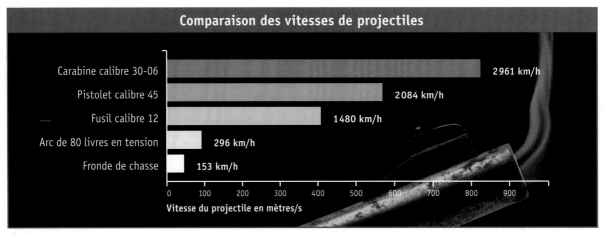

Comparaison des vitesses de projectiles

Carabine calibre 30-06 — 2961 km/h
Pistolet calibre 45 — 2084 km/h
Fusil calibre 12 — 1480 km/h
Arc de 80 livres en tension — 296 km/h
Fronde de chasse — 153 km/h

Vitesse du projectile en mètres/s
0 100 200 300 400 500 600 700 800 900

Figure 1

immanquablement la flèche vers le sol, certains *snipers* particulièrement doués ont réussi à toucher des cibles situées à 2,4 km des forces alliées en Afghanistan !

À notre époque, les projectiles d'armes à feu sont formés de trois principaux éléments, soit l'amorce, la charge explosive et l'obus lui-même, scellés dans une douille. Lorsqu'on appuie sur la détente, un mécanisme à ressort provoque l'allumage d'une petite charge explosive présente dans l'amorce, ce qui met littéralement « le feu aux poudres » du combustible situé à proximité. Celui-ci brûle tout d'abord assez lentement (pour éviter de faire éclater l'arme dans les mains du tireur), et cette combustion s'accélère peu à peu pour finalement générer une quantité considérable de gaz qui propulse le projectile vers la sortie du canon à très grande vitesse. L'explosion qui provoque l'éjection de la balle se produit dans l'espace confiné du canon de l'arme, de sorte que, lorsque la balle sort du canon, la pression de l'explosion est subitement relâchée, ce qui provoque le bang caractéristique des armes à feu.

Du point de vue physique, l'énergie associée à un mouvement, aussi appelée « énergie cinétique », est définie par l'équation $E = 1/2\ mv^2$, où m représente la masse de l'objet et v sa vitesse. Selon cette équation, il est possible de doubler l'énergie d'un projectile en doublant sa masse. Cependant, si l'on double sa vélocité, on quadruple son énergie ! Puisque la vitesse d'une balle est directement liée à la quantité (et à l'efficacité) de la charge explosive présente dans le projec-tile, les balles destinées à parcourir de grandes distances ou encore à pénétrer profondément dans un animal de constitution massive (comme le gros gibier) sont plus volumineuses que celles qu'on utilise pour atteindre des cibles situées à plus faible distance.

Toutefois, le perfectionnement de la force d'impact des munitions consiste à améliorer non seulement la vitesse des projectiles, mais aussi la fréquence à laquelle ces munitions sont propulsées vers la cible. En ce sens, l'invention de la mitrailleuse par Richard Gatling, en 1861, point tournant dans l'histoire des armes à feu, a marqué la première étape d'une course frénétique qui a abouti à la mise au point d'une multitude de pistolets mitrailleurs, de fusils d'assaut et d'autres armes automatiques ou semi-automatiques capables de tirer plusieurs milliers de balles en rafales soutenues qui rendent impossible tout mouvement de l'adversaire. En saturant l'espace de projectiles mortels, ces armes, tout comme les grenades, les bombes, les mines et les autres engins explosifs, ont complètement redéfini les façons de faire la guerre en permettant de tuer un adversaire pratiquement à l'aveuglette, sans avoir à faire preuve d'une grande précision.

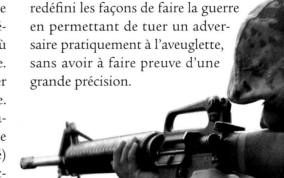

Meurtres par balles

À l'heure actuelle, on évalue à 688 millions le nombre d'armes légères dans le monde, 59 % d'entre elles étant détenues par des civils, 38 % par les armées, 3 % par les corps de police et 1 % par des groupes illégaux. Dans l'ensemble, on estime que les armes à feu sont responsables annuellement de 300 000 décès associés aux conflits armés et de 200 000 morts dans la société civile.

La mortalité causée par les armes à feu dépend de quatre principaux facteurs : 1) la pénétration profonde du projectile dans le corps de façon à toucher les organes vitaux ; 2) la destruction de ces organes, causée par la formation d'une cavité qui correspond au diamètre du projectile (cavitation permanente) ; 3) la formation d'une cavité temporaire, causée par le transfert d'énergie cinétique du projectile durant son passage ; et 4) la production de fragments dérivés de la balle ou d'os brisés qui endommagent les organes (seulement pour les projectiles à haute vélocité) (Figure 2). De tous ces facteurs, l'endroit du corps où la balle est entrée et son degré de pénétration (cavitation permanente) sont les paramètres les plus importants pour déterminer la gravité de la blessure infligée par le tir. La cavitation temporaire joue quant à elle un rôle mineur dans ces blessures, car la plupart des tissus du corps humain sont assez élastiques pour absorber ce choc et peuvent donc retrouver leur position initiale sans trop de dommages. Néanmoins, certains tissus peu élastiques, tels que le foie et la rate ou encore des organes très fragiles comme le cerveau, peuvent être endommagés par cette cavitation temporaire.

Contrairement à ce que l'on peut croire, il est très difficile de neutraliser sur-le-champ une personne à l'aide d'une arme à feu. Par exemple, un des mythes les plus tenaces sur ces armes, entretenu par un nombre invraisemblable de scènes spectaculaires vues à la télévision et au cinéma, est leur prétendu puissant pouvoir d'arrêt (*stopping power*), un peu comme s'il suffisait de tirer sur quelqu'un pour qu'il soit littéralement projeté vers l'arrière dès l'instant où le projectile le touche. Une telle réaction n'a aucun sens car on estime que la quantité d'énergie qui frappe la victime d'une arme à feu est à peu près équivalente à celle d'une balle de baseball, choc certainement fort désagréable, mais insuffisant pour faire reculer de plusieurs mètres un humain de

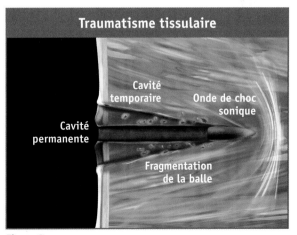

Traumatisme tissulaire

Cavité temporaire

Onde de choc sonique

Cavité permanente

Fragmentation de la balle

Figure 2

70 kg. Cependant, on sait d'expérience que plusieurs personnes tombent par terre lorsqu'elles sont touchées par une balle, réaction beaucoup plus psychologique que physique, expression d'un comportement instinctif de repli face au danger. Cette composante psychologique est bien illustrée par l'absence de réactions de personnes intoxiquées (alcool, narcotiques) face au choc provoqué par une balle ; cette insensibilité les rend d'autant plus dangereuses dans un contexte de violence.

S'il est presque impossible de neutraliser sur-le-champ une personne à l'aide d'une arme à feu, c'est en grande partie parce qu'il est difficile de toucher avec précision une région du corps dont la destruction provoquerait un arrêt instantané

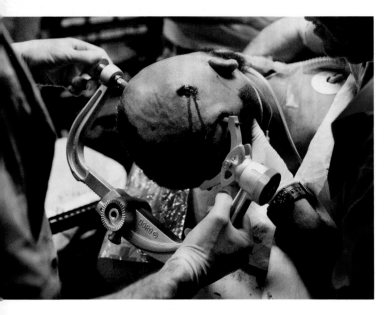

des fonctions vitales. Malgré son aspect spectaculaire, une balle qui pénètre dans le corps ne détruit habituellement qu'environ 50 g de tissu, une quantité négligeable pour un individu de 70 kg si la région du corps touchée n'est pas essentielle à la survie immédiate. En réalité, pour neutraliser tout de suite quelqu'un avec une arme à feu, il faut toucher son système nerveux (cerveau, moelle épinière) ou encore provoquer une hémorragie en atteignant ses principaux vaisseaux sanguins ou son cœur. Même dans ce dernier cas, la mort n'est pas immédiate. En effet, malgré un arrêt complet de la circulation, il reste encore assez d'oxygène dans le cerveau pour permettre des mouvements volontaires jusqu'à quinze secondes après la destruction du cœur par une balle, situation fort dangereuse pour les policiers qui font face à un criminel, surtout si l'état psychologique de ce dernier (instinct de survie, intoxication, agressivité) provoque une réaction physique vigoureuse susceptible de surmonter les effets provoqués par le projectile. Évidemment, la présence à plus long terme d'un corps étranger dans l'organisme cause de multiples complications qui peuvent ultimement entraîner la mort de la victime ; la durée de survie dépend de l'importance de l'organe touché, de la vitesse à laquelle la perte de sang s'effectue et, à plus long terme, de la contamination des plaies par des microorganismes pathogènes.

En résumé, les morts violentes attribuables aux armes à feu sont dues, la plupart du temps, à une atteinte directe du système nerveux (balle qui touche le cerveau ou la moelle épinière) ou à des hémorragies causées par la destruction de vaisseaux sanguins importants. Ces effets sont étroitement liés à la nature du projectile, sa vitesse et sa capacité à pénétrer dans l'organisme. Même si la probabilité d'être tué par une arme blanche ou une arme à feu est, heureusement, pour la majorité d'entre nous, très faible aujourd'hui, il n'en demeure pas moins que, dans notre quotidien, certains objets usuels possèdent un pouvoir destructeur semblable, sur le plan physique, à celui des projectiles d'armes à feu. C'est particulièrement le cas des véhicules motorisés.

Collisions fatales

Les accidents de la route sont responsables chaque année du décès de 1,2 million de personnes dans le monde, en plus des 140 000 blessés et des 15 000 personnes qui demeureront handicapées pour le reste de leur vie. Il est étonnant de constater à quel point nos sociétés industrielles, où l'automobile est omniprésente, ont accepté ces accidents comme inéluctables, alors que la majorité d'entre eux pourraient être prévenus par des changements de comportement au volant. L'alcool est évidemment un facteur déterminant dans l'augmentation des risques d'accidents, mais la vitesse excessive, souvent promue par la publicité des compagnies automobiles elles-mêmes, est un autre paramètre important. Si l'on ajoute à cela la distraction bête, associée à

des activités incompatibles avec la conduite automobile, comme le téléphone cellulaire, la messagerie texte (« textos »), la lecture du journal aux heures de pointe, la consommation de nourriture ou le maquillage, on obtient le mélange parfait des conduites à risque au volant.

L'issue souvent fatale des accidents est due aux grandes forces d'impact exercées sur le corps lors d'une collision. En pratique, la gravité des traumatismes associés aux accidents découle des lois fondamentales de la physique, telles qu'elles ont été énoncées par Isaac Newton il y a déjà plus de trois siècles (voir encadré p. 198).

Selon la première loi de Newton, au moment d'une collision frontale, chaque passager poursuit son mouvement vers l'avant à la même vitesse que celle de l'automobile, ce qui, s'il n'a pas de ceinture de sécurité, provoque l'éjection pure et simple du corps. Il vaut vraiment la peine de s'attacher : lors d'une collision à 80 km/h, tous les passagers heurtent le volant ou le pare-brise en

Lois de la mécanique newtonienne

- **Principe d'inertie :** un objet en mouvement continue de se déplacer en ligne droite avec une vitesse constante lorsque la somme des forces exercées sur lui est nulle.
- **Principe de la dynamique :** la somme des forces agissant sur un objet est égale à la masse de cet objet multipliée par son accélération ($F = ma$). Donc, plus la décélération est grande (c'est-à-dire plus la perte de vitesse s'effectue rapidement), plus la force appliquée au corps est grande et plus le risque de lésion est élevé en cas d'accident.
- **Principe des actions réciproques :** un corps qui exerce une force sur un autre corps subit en retour une force de même intensité, mais de sens opposé. Autrement dit, lors d'un choc, la force appliquée sur l'obstacle par le corps brutalement arrêté est également appliquée par l'obstacle à l'organisme.

seulement 0,07 s ! Le même principe s'applique à nos organes internes : lorsque le corps s'arrête brusquement, chaque organe poursuit son mouvement et, sous l'influence du mouvement, voit son « poids apparent » considérablement augmenter à la suite d'une décélération brutale (Figure 3). Une différence inférieure à 20 km/h n'est généralement pas suffisante pour causer une lésion sérieuse. Par contre, dès que l'on atteint une différence d'environ 36 km/h, des lésions graves peuvent s'ensuivre et il va de soi que les risques de traumatismes graves s'accroissent énormément à des vitesses supérieures.

En plus des effets de la décélération brutale, il est évident que la nature de l'obstacle frappé par le véhicule en mouvement détermine la gravité du choc. Heurter une bordure de neige ne provoque pas les mêmes dommages que frapper de plein fouet un mur de béton ! Les lois de la physique permettent de calculer qu'une automobile se déplaçant à 50 km/h va générer une force d'impact d'environ 45 tonnes lors d'une collision brutale.

Impact de la vitesse

Organe (poids en kg)	Poids apparent (kg)		
	36 km/h	72 km/h	108 km/h
Rate (0,25)	2,5	10	25
Cœur (0,35)	3,5	14	31,5
Cerveau (1,5)	15	60	135
Foie (1,8)	18	72	162
Sang (5)	50	200	450
Corps entier (70)	700	2 800	6 300

Figure 3   Source : J. Albanèse, *Le Polytraumatisé* (2002)

Le traumatisme crânien est une des conséquences les plus dramatiques des accidents de la route et représente la première cause de décès chez les Canadiens de moins de 45 ans. Même s'il est bien protégé par la boîte crânienne et plusieurs couches de tissus résistants, le cerveau demeure un organe « mobile », susceptible de changer brusquement de position à la suite d'un impact et de heurter durement la paroi du crâne (Figure 4). La gravité du trauma subi dépend habituellement de la force de l'impact. Lors d'une commotion cérébrale, par exemple, le choc peut provoquer une perte de connaissance qui dure de quelques secondes à quelques minutes, et la personne peut se sentir étourdie et perdre la vue ou l'équilibre. Fort courantes dans les sports de contact, ces commotions peuvent parfois nécessiter une période de récupération prolongée (et même mettre un terme à la carrière d'un sportif). Les contusions cérébrales, quant à elles, sont encore plus graves car le choc est souvent accompagné de lésions tissulaires et entraîne dans le cerveau un saignement qui peut causer une accumulation de liquide (œdème) susceptible d'endommager les cellules nerveuses (voir chapitre 5). Cette situation est particulièrement dangereuse lorsque le sang s'accumule et coagule pour former un hématome. Dans ce dernier cas, il est courant que la personne traumatisée commence à se sentir mal quelques heures, voire quelques jours après le choc (maux de tête terribles, pertes d'équilibre, comportement étrange) et sombre par la suite dans un coma mortel. Enfin, dans certains cas, l'impact provoque une fissure de la boîte crânienne, et cette

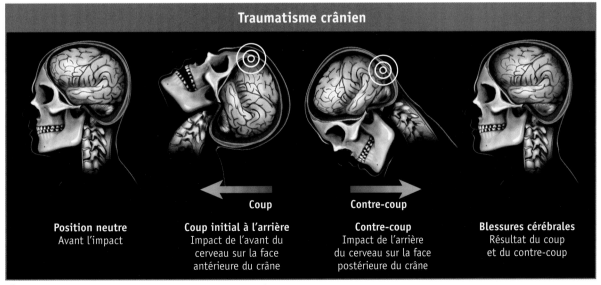

Traumatisme crânien

Coup

Contre-coup

Position neutre
Avant l'impact

Coup initial à l'arrière
Impact de l'avant du cerveau sur la face antérieure du crâne

Contre-coup
Impact de l'arrière du cerveau sur la face postérieure du crâne

Blessures cérébrales
Résultat du coup et du contre-coup

Figure 4

Les fractures du bassin et de la diaphyse fémorale sont également très souvent observées lors d'accidents de la route. Ces fractures, qui se produisent généralement lorsque le passager percute le tableau de bord au moment de l'impact, sont très hémorragiques et peuvent causer la mort par choc hypovolémique si la perte de sang n'est pas maîtrisée assez vite.

Comme pour les morts par armes à feu, les chocs hémorragiques (surtout ceux que provoque un traumatisme thoracique) et les traumatismes crâniens sont les principales causes de mortalité dues aux accidents de la route (ainsi qu'à l'ensemble des accidents). L'automobile peut donc être considérée, au même titre qu'une balle tirée par une arme à feu, comme un véritable projectile qui possède le pouvoir de tuer, ce qu'elle fait malheureusement trop souvent. Les prouesses des constructeurs automobiles ont rendu les véhicules aussi rapides que performants, mais le confort et l'isolement acoustique de l'habitacle ainsi que la souplesse de la conduite nous empêchent d'évaluer la vitesse réelle du véhicule et la puissance des lois physiques en jeu. Par ailleurs, les choses qui peuvent nous distraire de la conduite se multiplient: téléphone cellulaire, ordinateur de bord, système de messagerie et complexité des commandes. Nous en venons à sous-estimer l'énergie que peut produire un véhicule de plusieurs tonnes qui se déplace à grande vitesse; nous oublions qu'elle est extrêmement destructrice par rapport à la fragilité des tissus qui constituent le corps humain.

fracture peut aussi occasionner une accumulation de sang dans le cerveau ainsi que des dommages directs au tissu nerveux.

Les fractures des vertèbres du cou (rachis cervical), aussi appelées « coups du lapin » (en référence au choc cervical employé pour tuer les lapins), sont aussi fréquemment observées chez les accidentés de la route, en particulier lors de collisions arrière. Ce type d'impact cause une hyperextension du cou suivie d'une hyperflexion, ce double mouvement violent pouvant provoquer la fracture des vertèbres. Lorsque la deuxième vertèbre cervicale (axis) est touchée, la rupture de la moelle épinière peut se produire à l'endroit où se trouve le centre d'innervation du diaphragme qui régule la respiration autonome, et la mort survient rapidement. Si ces vertèbres sont épargnées, la victime peut survivre, mais souvent au prix d'une tétraplégie permanente.

∧   David Booth, des Panthers de la Floride, demeure étendu sur la glace après un violent coup de Mike Richards, des Flyers de Philadelphie

赤尾讃代の忠臣に
を守り温泉川にて
當て本心に之主家
子を捨て久播州退
安諫次郎八五戈
二戈大星と
八の諫次郎八五戈
小養育を顔として
頼亡
小養育を顔として
關東見物の為同
京の諫居匠復讐盟
敵居匠復讐盟
頼亡
披露の
庄不住に―晉子
とりや俳諧の親筆を以
花を漂舟と号大高子葉千
夜手補働して多勢を以
仇を撃小至りも名本懐と
守春帆等常小其角佑德の庵
小遊びて獻郎の客子を勝す手段と
一小火ありけば兵匡辰顔く行燈を消し
小小家さうけを是と打燈を消りと言れれ
あるまじと噪く声耳小入て憤然と怒面小顯れ憎き下郎の言葉さうと
く出行けるを后の噂小聞えそう
て出行けるを后の噂小聞えそう

應需 一筆菴誌

應需
國芳画

Chapitre 9

Morts inhabituelles et spectaculaires

Peu importe de tomber / Avant tout le reste, avant tous les autres /
C'est le propre de la fleur de cerisier
Que de tomber avec noblesse / Par une nuit de tempête.

Yukio Mishima (1925-1970)

L'honneur ou la mort

Ce poème, composé en 1970 par le grand écrivain japonais juste avant qu'il ne se donne la mort par *seppuku*, montre à quel point le Japon et l'Occident voient la mort de façon différente. Alors que nous insistons volontiers sur le caractère tragique, voire injuste de la mort, la vision traditionnelle japonaise met plutôt l'accent sur la nature transitoire de la vie. La mort y est considérée comme un événement aussi naturel que la chute des fleurs d'un arbre.

D'un point de vue historique, ce détachement à l'égard de la mort est bien illustré par le *seppuku*, communément appelé « hara-kiri », le suicide rituel accompli par les samouraïs déshonorés à la suite d'un manquement au code d'honneur des guerriers (le *bushido*). *Bu-shi-do* signifie littéralement « la voie du guerrier », c'est-à-dire le code moral que les guerriers doivent observer, tant sur le champ de bataille que dans leur vie quotidienne. Ce code non écrit, élaboré et transmis de samouraï en samouraï, est fondé sur les principes de base du bouddhisme, soit le respect des autres, l'amour de la nature, la confiance dans le destin, l'acceptation tranquille du caractère inévitable des événements, ainsi que sur le courage, le sens de la justice et la loyauté envers le maître.

Lorsque l'un de ces principes n'était pas respecté, le samouraï préférait la mort à la vie. Après une séance de méditation et l'écriture d'un dernier poème (*jisai*), le guerrier vêtu d'un kimono blanc entourait la lame de son court sabre (*wakizashi*) d'un morceau de tissu blanc. Il l'introduisait ensuite brusquement sur le côté gauche de son abdomen dans l'axe du nombril, puis faisait une longue incision jusqu'à l'autre extrémité.

Les 47 ronins

Une des histoires japonaises les plus célèbres est celle des 47 *ronins*, immortalisés par un des plus grands maîtres de l'estampe, Utagawa Kuniyoshi (1797-1861). Cette épopée, intitulée *Chushingura* ou *Le Trésor des cœurs loyaux*, illustre le code du guerrier (le *bushido*). Elle remonte à 1701, année où le seigneur Asano Nagamori est forcé de se suicider par le shogun en raison d'un conflit avec le seigneur Kira. Les biens d'Asano sont confisqués et ses samouraïs redeviennent *ronins*, c'est-à-dire sans maître. Après un an de préparation, les 47 samouraïs les plus fidèles du seigneur Asano réussissent à le venger en attaquant le château de Kira et en assassinant ce dernier. Ils se livreront par la suite à un suicide rituel, après avoir respecté leur devoir de fidélité envers Asano. La mémoire des 47 *ronins* est encore honorée aujourd'hui dans un temple qui leur est consacré, au cœur de Tokyo. Elle illustre le sacrifice de l'individu à un code d'honneur et caractérise un des aspects de l'âme japonaise.

Dans certains cas extrêmes, il effectuait une deuxième incision verticale de bas en haut, provoquant l'éviscération et la rupture de vaisseaux sanguins importants tels que les artères mésentériques et l'aorte. La douleur était sans nul doute abominable et le suicidé avait besoin d'un assistant (*kaishaku*), souvent un ami, pour abréger son agonie en le décapitant d'un coup de son sabre long, le *katana*. Il est difficile pour les Occidentaux d'accepter un tel rituel, mais, dans le Japon féodal, le *seppuku* était une marque de bravoure, un moyen pour le guerrier déshonoré par la défaite, la trahison ou une blessure grave de mettre lui-même un terme à ses jours et d'ainsi préserver son honneur.

La corde au cou

Mais si malheur arrive, tu paieras vie pour vie, œil pour œil, dent pour dent, main pour main, pied pour pied, brûlure pour brûlure, blessure pour blessure, meurtrissure pour meurtrissure.

Exode 21 : 23-25

La mise en place d'un système de justice pénal, contrôlé par le pouvoir de l'État, a constitué une étape clé du maintien de l'ordre dans les sociétés humaines. En donnant à l'État le monopole de la violence, ces systèmes ont entraîné une réduction des vendettas personnelles et l'établissement d'une justice indépendante, destinée à assurer le bien commun de la population. La loi du talion dont il est question dans la citation ci-dessus est un exemple précoce de la mise en place de tels

< Lithographie d'un samouraï se préparant au *seppuku*

> Une armure de type Kaga de l'époque Edo

systèmes, une justice qui s'est (heureusement) bien raffinée au fil du temps. Néanmoins, aucun système de justice n'est parfait, car son équité est directement fonction de l'idéologie du pouvoir en place. Hélas, on ne compte plus les abus perpétrés par cette violence étatique, les démonstrations de puissance dont le principal objectif est trop souvent de créer un climat de terreur au sein même de la population que l'État est censé protéger. Encore aujourd'hui, plusieurs États totalitaires se servent de l'exécution de « criminels » qui s'opposent au régime comme moyen de s'assurer la mainmise sur la population.

La pendaison a longtemps été (et est encore dans certains pays totalitaires) le moyen privilégié d'exécuter les personnes reconnues coupables de crimes jugés suffisamment graves pour mériter la mort. Si ce mode d'exécution est efficace, il peut s'avérer cruel selon la procédure utilisée. En effet, contrairement à ce que l'on croit souvent, ce n'est pas, dans la plupart des cas, le blocage de l'arrivée d'air dans les poumons qui cause la mort : pour empêcher l'air de circuler dans les voies aériennes, il faut une grande pression, car la trachée est très bien protégée par des anneaux de cartilage. En général, le serrement d'une corde autour du cou affecte surtout les vaisseaux sanguins qui relient le cerveau au reste du corps et, selon la pression exercée, la compression de ces vaisseaux peut être parfois insuffisante pour provoquer un décès rapide. Plusieurs types de pendaison ont existé au fil du temps, les plus communes étant les suivantes.

La pendaison sans chute

Le corps du condamné tombe d'une faible hauteur et c'est son poids qui provoque le serrement du nœud autour du cou. Méthode quasi universelle de pendaison pendant la majeure partie de l'histoire, ce mode d'exécution est encore aujourd'hui utilisé dans certains pays, notamment en Iran. La pendaison représente le moyen privilégié de suicide dans la plupart des régions du monde, en particulier en Europe de l'Est, où 90 % des suicidaires y ont recours.

La mort qui découle de cette forme de pendaison est en tous points semblable à celle que provoque la strangulation, à l'exception que la pression exercée sur le cou est causée par le poids du corps alors que, dans le cas de la strangulation, cette pression est exercée par les mains (habituellement celles d'un assassin). Pour les condamnés malchanceux, ce sont surtout les veines jugulaires qui sont touchées, ce qui empêche le retour du sang de la tête vers le cœur. Ce blocage cause dans la tête une accumulation de sang identifiable par un gonflement et une cyanose du visage, de même qu'un œdème au niveau du cerveau qui, ultimement, provoque une perte de connaissance. Malheureusement, cette dernière peut survenir à la suite d'une longue et terrible agonie où le condamné ne rend l'âme qu'après avoir gesticulé au bout de la corde. Les exécutions par pendaison étant très souvent réalisées en public de façon à « donner l'exemple », ces « danses du pendu » constituaient un spectacle

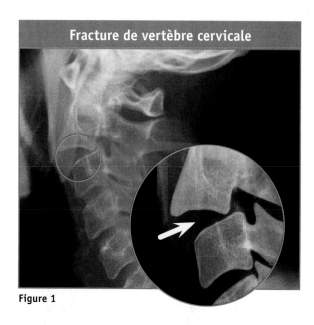

Fracture de vertèbre cervicale

Figure 1

fort prisé par les curieux. Une variante de la pendaison à courte chute est la pendaison par suspension, où le condamné est soulevé dans les airs (à l'aide d'une grue, par exemple). Les facteurs responsables de la mort sont alors essentiellement les mêmes que pour la pendaison sans chute (c'est encore une fois le poids du corps qui exerce la tension sur la corde).

Dans certains cas, par contre, la corde compresse les artères carotides et entraîne l'arrêt immédiat de l'apport de sang au cerveau, vite suivi d'une perte de connaissance. La compression des carotides exerce aussi une pression sur le glomus carotidien, structure richement vascularisée qui se trouve à l'embranchement des artères carotides et possède la propriété de déterminer avec précision la pression du sang envoyé au cerveau. Ces capteurs interprètent la force appliquée par la corde comme le signe d'une tension élevée et provoquent en réaction un ralentissement immédiat des battements du cœur, ce qui, dans les cas extrêmes, entraîne l'arrêt cardiaque. Il faut entre six et quinze secondes pour que la compression des carotides provoque une perte de connaissance, et la mort s'ensuit environ cinq minutes plus tard. Certains coups (atémis) des arts martiaux, accompagnés du *kiai*, violent cri d'attaque, visent d'ailleurs ces points vulnérables, depuis longtemps reconnus comme vitaux par les maîtres japonais de combat à mains nues.

La pendaison avec chute

Ce mode d'exécution a été inventé à des fins « humanitaires », dans le but de causer la mort de façon instantanée et ainsi d'éviter les souffrances inutiles associées aux pendaisons sans chute. Le condamné tombe d'une certaine hauteur, à la suite de l'ouverture d'une trappe, de sorte qu'à la fin de la chute, l'accélération du corps soit brusquement arrêtée par le nœud de la corde et provoque la rupture de la moelle épinière et, par le fait même, la mort rapide. En pratique, cependant, la distance de chute, généralement équivalente à la taille du condamné, était parfois trop courte pour briser la nuque, et la victime mourait par strangulation. À l'inverse, une corde trop longue pouvait provoquer la décapitation totale du pendu, une mort sans doute rapide, mais néanmoins horrible et traumatisante pour les responsables de l'exécution. Afin d'éviter ces extrêmes, un bourreau anglais (William Marwood) mit au point en 1872 une méthode de calcul pour déterminer la chute requise en fonction du poids du condamné, une « mort calculée » où la force appliquée sur le cou permet de disloquer la deuxième vertèbre cervicale, fracture connue depuis sous le nom de « fracture du bourreau » (surtout observée aujourd'hui à la suite de certains accidents de voiture) (Figure 1).

Drogues mortelles

Le bonheur, c'est de continuer à désirer ce qu'on possède.

Saint Augustin (354-430)

L'un des phénomènes les plus étranges dû à l'augmentation des capacités cérébrales des mammifères est l'aptitude du cerveau à fabriquer de toutes pièces une fausse réalité, un monde virtuel qui s'exprime généralement sous forme de rêves plus ou moins farfelus pendant le sommeil. Il est difficile de mesurer concrètement l'influence de ces rêves sur la psyché humaine, mais, chose certaine, ils dénotent une hyperactivité du cerveau, un peu comme si ses capacités excédaient largement la fonction physiologique qui lui est dévolue et qu'il ne parvenait pas à se contenter de la réalité du monde quotidien. Il est également proposé que les rêves sont impliqués dans le triage de l'information accumulée par le cerveau et dans la mise en mémoire et la sélection des données pertinentes.

Une bonne illustration de la propension qu'a le cerveau humain à constamment chercher à repousser les limites imposées par la réalité est la place importante qu'occupent les substances psychoactives dans l'histoire. Que ce soit pour leur capacité à augmenter la vigilance (coca, tabac, café), à altérer la perception du monde (alcool, cannabis, opium) ou carrément à accéder à des niveaux de conscience parallèles grâce à des hallucinations auditives et visuelles (champignons magiques, mescaline, iboga, ayahuasca), toutes les cultures ont d'une façon ou d'une autre accordé un statut particulier à ces substances, à des fins tant médicinales que religieuses.

Parmi toutes les substances psychotropes répertoriées au fil des siècles, le latex produit par certaines espèces de pavot est depuis longtemps reconnu comme une des drogues les plus aptes à altérer la perception. « Plante de joie » pour les Sumériens (3000 av. J.-C.), le pavot était déjà mentionné dans le *Codex Ebers*, un papyrus médical égyptien datant de 1 500 ans av. J.-C., comme

(suite p. 212)

^ Flacons de laudanum

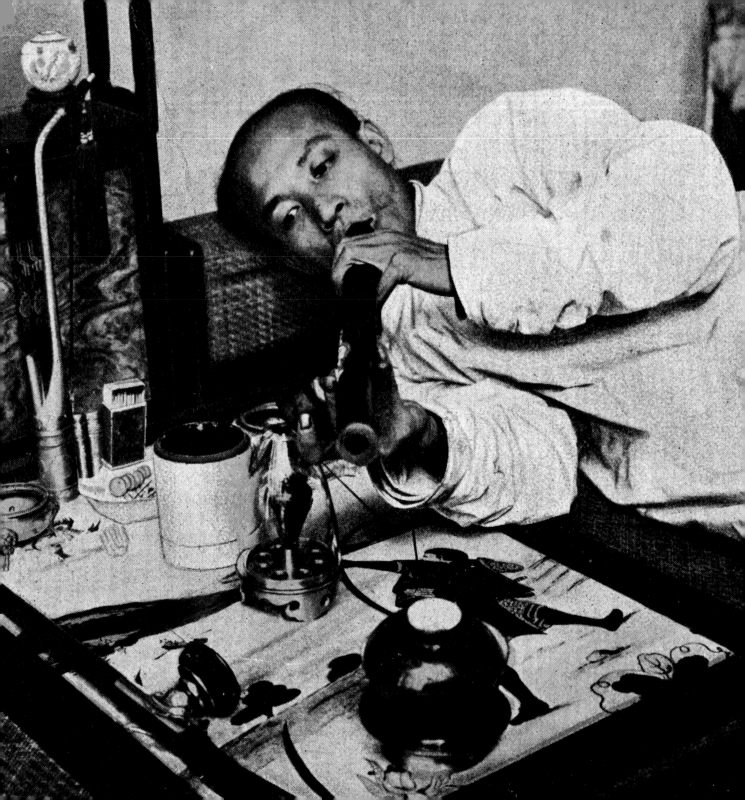

Piégé dans les bras de Morphée

L'opium est extrait du *Papaver somniferum*, fort jolie variété de pavot cultivée depuis plusieurs millénaires en Mésopotamie et dans le sud de l'Europe. Lorsque la plante atteint sa maturité, elle sécrète un latex blanc contenant une

soixantaine d'alcaloïdes complexes, en particulier la morphine, suc abondant de la tête du pavot. Lorsque ces capsules, que les Grecs appelaient *kodeion* (d'où le terme «codéine» pour désigner l'un des alcaloïdes du pavot) commencent à jaunir, elles sont incisées pour laisser s'écouler l'*opios*, le suc qui, en séchant, acquiert la consistance d'une résine pouvant contenir jusqu'à 16 % de morphine. En agissant sur le système limbique (siège des émotions), cette molécule supprime la douleur et les tensions, et provoque une douce euphorie. La consommation répétée d'opiacés entraîne cependant une tolérance à ces effets, une désensibilisation qui oblige à prendre des doses de plus en plus élevées pour obtenir un effet similaire et entraîne par le fait même une très forte dépendance. Cette accoutumance est particulièrement bien établie pour l'héroïne (diacétylmorphine),

molécule qui n'existe pas dans la nature, mais qui est quatre ou cinq fois plus puissante que la morphine en raison de sa plus grande facilité à atteindre le cerveau (de quinze à trente secondes lorsqu'elle est injectée, sept secondes lorsqu'elle est fumée). Synthétisée à partir de la morphine par les chimistes de la compagnie pharmaceutique allemande Bayer, l'héroïne fut d'abord commercialisée en 1898 comme produit de substitution à la morphine et comme remède contre la toux (la tuberculose et la pneumonie constituaient les principales causes de décès à cette époque). Après un accueil chaleureux de la communauté médicale, on ne se rendit compte que quelques années plus tard que l'héroïne était rapidement métabolisée en morphine et créait par conséquent une forte dépendance: certains utilisateurs étaient prêts à tout pour trouver l'argent dont ils avaient besoin pour acheter des médicaments à base d'héroïne, même à fouiller les poubelles en quête de n'importe quel objet susceptible d'être vendu (d'où l'appellation de «junkie» pour les héroïnomanes). Aucune molécule n'est aussi étroitement associée aux ravages causés par la toxicomanie que l'héroïne, drogue qui demeure malheureusement fort accessible aux quelque 20 millions d'utilisateurs dans le monde grâce à la culture intensive du *Papaver somniferum* dans le Triangle d'or (Laos, Birmanie, Thaïlande) et dans le Croissant d'or (Iran, Afghanistan, Pakistan).

un remède (certainement très efficace !) pour « éviter que les bébés crient ». Les Grecs étaient fascinés par les effets psychotropes du pavot, autant pour soulager la douleur que pour atteindre un état qui favorisait la communication avec les dieux. D'ailleurs, dans la mythologie grecque, Hypnos (dieu du Sommeil) et son fils Morphée (dieu des Rêves) sont généralement représentés avec des fleurs de pavot à la main, de façon à procurer aux hommes un repos paisible et des rêves aimables.

Ce suc de pavot, mieux connu sous le nom d'« opium », est un mélange complexe de plusieurs métabolites végétaux (sucres, lipides, protéines, gommes, cire) et d'une soixantaine d'alcaloïdes, les plus connus étant la morphine (de 10 % à 15 %), la codéine (de 1 % à 3 %), la noscapine (de 4 % à 8 %), la papavérine (de 1 % à 3 %) et la thébaïne (de 1 % à 2 %). Ces molécules (à l'exception de la thébaïne) possèdent toutes des propriétés analgésiques hors du commun, étant capables de supprimer la douleur. La morphine en particulier est encore aujourd'hui une drogue indispensable pour soulager les souffrances associées à des maladies très graves, notamment chez les cancéreux en phase terminale.

Cet effet analgésique de la morphine est dû à sa capacité d'imiter l'action des endorphines, classe de neurotransmetteurs produits par le cerveau en réponse à la douleur. Ces endorphines (proenképhaline, prodynorphine et pro-opiomélanocortine) se lient à une famille de récepteurs situés principalement au niveau du système limbique (siège des émotions), provoquant des états de joie, de relaxation, d'intrépidité et de tolérance à la douleur (en plus de la douleur, ces neurotransmetteurs sont également libérés en réponse à un exercice ou à des sensations intenses comme l'orgasme). En se fixant à ces récepteurs, la morphine ne bloque donc pas les mécanismes responsables de la douleur en tant que telle, mais la perception subjective de cette douleur : il est tout à fait courant qu'une personne qui reçoit de la morphine soit consciente de l'existence d'une douleur, mais que celle-ci la laisse complètement indifférente.

Le rôle important des endorphines dans notre « santé émotionnelle » fait en sorte que l'activation de ces voies de plaisir par les opiacés comme la morphine plaît au cerveau. Il ne faut donc pas s'étonner que l'usage de l'opium n'ait cessé de s'accroître au fil du temps ! Au XVIe siècle, l'alchimiste Paracelse (1493-1541) découvrit que l'extraction d'opium avec de l'alcool (brandy) produisait un remède d'une telle efficacité qu'il le nomma « laudanum », du latin *laudare*, qui signifie « louer ». Très populaire jusqu'à la fin du XIXe siècle comme remède universel pour traiter une impressionnante série de désordres, du simple rhume aux maladies cardiaques, le laudanum était même utilisé par les parents excédés comme un moyen (infaillible) de calmer les enfants.

Malheureusement, la consommation répétée d'opiacés est caractérisée par l'apparition d'une forte dépendance (voir encadré p. 211). La très grande disponibilité de l'opium, facilitée par les empires coloniaux, britannique surtout, a jeté les bases de ce qui allait devenir un grave problème de société au XXe siècle, soit l'accoutumance aux narcotiques. « Ô juste, subtil et puissant opium !... tu possèdes les clefs du paradis ! » écrivait Baudelaire (*Les Paradis artificiels*, 1860), en écho à la grande popularité de cette drogue à son époque. C'est sans doute vrai à très court terme, mais les décennies suivantes allaient montrer de façon cruelle les dangers associés à la recherche de ces faux paradis, non seulement l'opium et ses dérivés, mais aussi un éventail de molécules synthétiques qui agissent sur le système nerveux comme les benzodiazépines (Ativan™), les barbituriques et autres agents dépresseurs du système nerveux.

Dépression respiratoire

Le bien-être et l'effet relaxant que procurent les narcotiques comme l'opium, l'alcool, les benzodiazépines ou les barbituriques sont cependant accompagnés d'une interaction de ces molécules avec les neurones impliqués dans le contrôle de la respiration au niveau du tronc cérébral. Lorsqu'on prend une trop grosse dose de l'une ou l'autre de ces drogues, l'effet dépresseur devient trop puissant et peut entraîner une inhibition complète de l'influx nerveux vers les poumons et la mort par arrêt respiratoire. Ce danger de mort est particulièrement élevé chez les utilisateurs d'opiacés forts comme l'héroïne : les taux de mortalité chez les utilisateurs réguliers de cette drogue sont jusqu'à vingt fois plus élevés que chez les non-utilisateurs, surtout en raison

d'overdose. Cependant, en dépit de ce que l'on croit très souvent, ces morts sont rarement dues seulement à une trop forte quantité de drogue dans le sang, mais plutôt à une interaction avec d'autres agents dépresseurs.

La foudre

On n'est jamais atteint si on a vu l'éclair ou entendu le tonnerre.

Pline l'Ancien, *Histoire naturelle*, II c. 77-79

La foudre est sans contredit l'un des phénomènes naturels violents les plus courants et les plus spectaculaires : chaque seconde, 2000 orages frappent le globe. Il y a en moyenne quarante-cinq éclairs par seconde, soit 1,5 milliard par année. Dans toutes les civilisations, la foudre a été considérée comme la manifestation de la colère des dieux envers les actions des hommes : que ce soit Zeus pour les Grecs, Adad chez les Babyloniens, Indra en Inde ou Raijin au Japon (pour n'en nommer que quelques-uns), toutes ces divinités pouvaient déclencher le tonnerre et la foudre.

En raison de cette incompréhension des phénomènes qui en sont responsables, durant des millénaires la foudre a pris les humains complètement au dépourvu et les amenés parfois à adopter des comportements extrêmement dangereux. Ainsi, on a cru longtemps que faire sonner les cloches des églises pouvait arrêter les orages et éloigner la foudre, un peu comme une prière lancée vers Dieu pour lui demander d'épargner les

∧ Gravure d'après une peinture de Michel-Ange montrant Phaéton, fils d'Hélios, chutant vers la terre, foudroyé par Zeus

hommes. L'efficacité de cette stratégie laissait toutefois grandement à désirer, car la foudre tombait très souvent sur le clocher même ! Un recensement effectué au XVIIIe siècle en Allemagne indique qu'en trente ans à peine, la foudre avait frappé 386 clochers et que 121 personnes avaient été tuées ou gravement blessées par la foudre en sonnant les cloches pendant l'orage ! On sait maintenant que ces pauvres sonneurs se trouvaient au pire endroit possible, car le clocher est un point de contact idéal entre le sol et l'électricité du nuage (voir encadré p. 215).

Morts foudroyantes

Puisque le corps humain contient une quantité impressionnante de circuits électriques, constitués par les nerfs, essentiels au maintien des fonctions vitales, il est dangereux d'être frappé par la foudre, car la forte intensité de la décharge électrique transmise au corps peut perturber la transmission normale de l'influx nerveux. C'est pour cette raison que la mort causée par la foudre, comme celle qui résulte de toute forme d'électrocution, est en général une conséquence de l'arrêt des fonctions dépendant le plus du signal nerveux, surtout les fonctions cardiorespiratoires. Cependant, en plus de ces effets sur les organes, les accidents provoqués par la foudre se caractérisent par des manifestations variées et parfois spectaculaires (Figure 2).

Même s'il s'agit d'un événement qui provoque le plus souvent la mort d'une seule personne à la fois, la foudre demeure néanmoins un des phénomènes naturels les plus meurtriers, au-delà même des tornades et des ouragans pour le nombre de victimes annuelles. Environ 10 % des personnes

(suite p. 218)

Des effets foudroyants

- **Sidération** (arrêt subit du fonctionnement des centres nerveux)
- **Fibrillation ventriculaire** (contractions anarchiques et rapides entraînant une absence de battements réguliers du cœur et empêchant donc un pompage efficace du sang)
- **Arrêt respiratoire**
- **Tétanisation** (contraction continue sans possibilité de relâchement) des muscles respiratoires (la contraction des muscles peut empêcher la victime de lâcher l'objet en contact avec la source d'électricité)
- **Brûlures de la peau**
- **Atteinte de la moelle épinière** (lésion neurologique la plus fréquente)
- **Atteinte des vaisseaux sanguins**
- **Thromboses**

Figure 2

Comment se produit un coup de foudre?

Les nuages responsables des orages (généralement les cumulonimbus de plusieurs kilomètres d'épaisseur) acquièrent en se développant une charge électrique énorme: le sommet de la masse nuageuse est chargé positivement alors que sa base (du côté du sol) est chargée négativement. Ces deux régions de charges opposées créent donc un champ électrique qui peut aboutir à la formation d'un courant à l'intérieur même de la masse nuageuse, ce qui se traduit par la présence d'éclairs dans le ciel (les trois quarts des éclairs d'un orage sont de ce type). Plus dangereuse pour nous, cependant, la présence de particules négativement chargées à la base de ces nuages engendre au sol une accumulation de charges positives (car les charges de signes opposés s'attirent). Même si l'atmosphère n'est pas un bon conducteur d'électricité, ce pouvoir isolant ne peut empêcher l'attraction entre ces charges lorsque l'intensité du champ électrique du nuage devient importante. Quelques charges négatives invisibles (appelées «traceurs descendants») se dirigent alors vers le sol, entraînant un mouvement de charges positives présentes au niveau du sol. Ces charges s'accumulent de préférence sur des points élevés (comme un clocher d'église, la cime d'un arbre, une personne debout) et lorsque le traceur descendant est suffisamment proche, un «traceur ascendant» se crée au sommet de l'objet présent à la surface du sol. À ce stade, il y a véritablement de «l'électricité dans l'air», et l'im-minence d'une rencontre entre les deux traceurs peut se manifester par des lueurs bleutées et des crépitements au sommet de structures élevées comme les mâts de bateau (feux de Saint-Elme) ou, dans le cas d'une personne, par les cheveux qui se dressent littéralement sur la tête. La rencontre des deux traceurs établit un pont conducteur entre la terre et le ciel, et un intense courant électrique emprunte alors le canal ainsi formé: un court-circuit gigantesque d'une intensité de 10 000 à 25 000 ampères sous une tension de 10 à 100 millions de volts qui progresse de façon ascendante (du sol au nuage) à une vitesse d'environ 100 000 km/s. La violence de ce flux électrique provoque un réchauffement brutal de l'air (jusqu'à 30 000 °C!) et le «flash» si caractéristique de la foudre. Le réchauffement de l'air causé par cet énorme dégagement de chaleur crée en parallèle une onde sonore qui se propage du point d'impact, phénomène responsable du coup de tonnerre associé à la foudre. Le coup de tonnerre n'est entendu qu'après l'éclair, car la vitesse de propagation du son est nettement inférieure à celle de la lumière. Pour savoir combien de kilomètres nous séparent du point de chute de la foudre, il suffit de compter les secondes qui s'écoulent entre l'apparition de l'éclair et le moment où l'on commence à entendre le tonnerre et de diviser le nombre ainsi obtenu par 3. Étant donné que l'éclair débute au niveau du sol, le tonnerre débute lui aussi au niveau du sol, d'où le bruit assourdissant que l'on entend lorsque la foudre frappe à proximité.

touchées par la foudre en meurent, et 70 % en gardent de sérieuses séquelles à long terme, notamment des pertes de mémoire et des changements majeurs de la personnalité. Certaines personnes malchanceuses ont été frappées plusieurs fois par la foudre au cours de leur vie. Roy Sullivan, garde forestier de Virginie surnommé le « *human lightning conductor* » après avoir été frappé pas moins de sept fois par la foudre entre 1942 et 1977, détient le record absolu. Il a survécu à chacune des décharges, mais a néanmoins perdu au passage un ongle d'orteil et ses sourcils, et souffert de diverses blessures aux bras, aux jambes, à la poitrine et à l'estomac.

Le coup de foudre direct. Il se produit lorsqu'une personne en contact avec le sol se trouve sur le trajet de l'éclair, généralement en terrain découvert. Le courant circule alors entre la partie la plus élevée (la tête ou un objet brandi au-dessus, comme un parapluie) et le sol, en passant par les membres inférieurs. Quand la décharge traverse le corps, son intensité atteint après quelques microsecondes un pic de l'ordre de 1 000 A (ampères) ! La différence de potentiel entre la tête et les pieds est de 300 000 V (volts), et puisque, heureusement, la résistance du corps humain est assez élevée, la très grande majorité du courant emprunte un chemin de moindre résistance (arc

^   Suzuki Kiitsu, panneau coulissant représentant un dieu du tonnerre

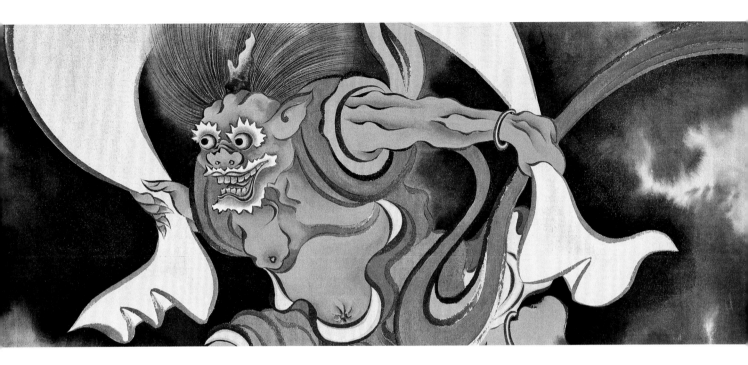

de contournement) et s'écoule à l'extérieur, à la surface du corps. La chaleur intense associée à ce haut voltage peut cependant entraîner la vaporisation de la sueur, la volatilisation des vêtements (y compris les souliers ou les bottes !) et des brûlures résultant de la fusion d'objets métalliques (comme une boucle de ceinture) en contact avec la peau. Malgré tout, grâce à cette «voie de contournement», le courant traversant le corps est en moyenne de 3 A pendant dix à vingt millisecondes ; cette intensité provoque divers effets, mais ne met toutefois pas la vie en danger. L'écoulement de la majeure partie du courant dans l'arc de contournement externe (donc à l'extérieur du corps) et la durée en général très brève du passage du courant dans le corps ont un effet protecteur et limitent le risque de fibrillation ventriculaire et de brûlures électrothermiques internes.

Néanmoins, l'intensité du courant de l'éclair qui traverse le corps a souvent des conséquences pathologiques graves qui peuvent mener à la mort.

Le coup de foudre indirect. On peut aussi être foudroyé de façon indirecte, par l'intermédiaire d'objets se trouvant à proximité. Par exemple, si une personne touche un objet conducteur lui-même frappé par la foudre (tuyauterie, paroi d'une grotte), une quantité considérable de

∧ Suzuki Kiitsu, panneau coulissant représentant un dieu du vent

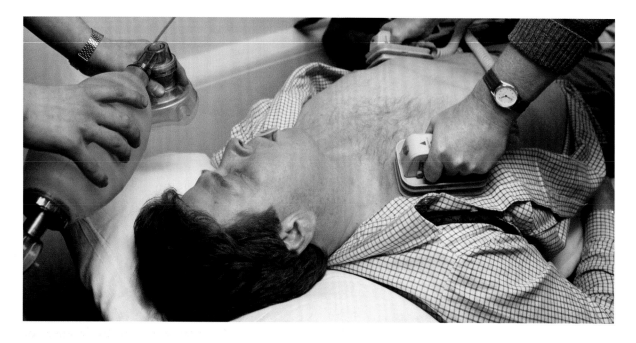

courant peut traverser son organisme et s'avérer extrêmement dangereuse. Il est aussi très dangereux de s'abriter sous un arbre : la sève n'étant pas un bon conducteur, la présence d'une personne à proximité peut faire bifurquer le courant vers le trajet de moindre résistance et former un éclair latéral qui traverse le corps avant de rejoindre le sol. De tels éclairs latéraux peuvent également se transmettre d'un individu à l'autre. Par conséquent, les personnes qui ont la malchance d'être en plein air lorsqu'un orage éclate doivent éviter d'être trop près les unes des autres pour ne pas faire partie d'un « foudroiement collectif ». Enfin, le foudroiement par tension de pas, provoqué par le courant de l'éclair se répartissant dans toutes les directions après avoir frappé le sol, peut en outre toucher une personne qui se trouve à proximité, sans toutefois causer de lésions mortelles. Par contre, les troupeaux de vaches et de moutons peuvent être foudroyés par un seul coup de foudre, car, chez eux, le courant qui passe des pattes antérieures aux postérieures (ou l'inverse) traverse le thorax et le cœur.

Foudre domestique

Il n'est pas nécessaire d'atteindre les niveaux de charges associés à la foudre pour électrocuter une personne. Contrairement à ce que veut la croyance populaire, le principal facteur qui détermine la gravité d'un choc électrique n'est pas, la plupart du temps, le voltage associé à la charge électrique, mais l'intensité de son courant (ampérage). En pratique, il est tout à fait possible de s'électrocuter aux faibles voltages utilisés à des fins domestiques (120 et 240 V) ! À partir du moment où le corps humain devient partie intégrante d'un circuit électrique dont le courant peut stimuler le système nerveux ou causer des dommages aux organes internes, il y a risque de choc mortel. Par exemple, le courant qui alimente une lampe de 120 V de faible puissance (7,5 W) est amplement suffisant pour électrocuter une personne s'il circule d'une main à l'autre en passant par la poitrine (Figure 3).

Le seuil de détection du courant est de 1 mA (milliampère), et quelques milliampères de plus sont suffisants pour provoquer un mouvement de recul instinctif. Lorsqu'il atteint un seuil de 16 mA, ce courant provoque une contraction involontaire des muscles qui peut empêcher une personne de lâcher l'objet dans lequel circule le courant. Connu sous l'appellation anglaise de « *let-go current* », ce contact prolongé est dangereux lorsque le courant dépasse 20 mA, car son passage à travers la poitrine pendant une période prolongée peut entraîner la mort par paralysie des fonctions respiratoires. Ces niveaux de courant sont très dangereux lorsqu'on se trouve dans un endroit humide ou que l'on a par exemple les mains mouillées, car la résistance électrique du corps humain peut passer de 100 000 à 1 000 Ω (ohms), soit devenir cent fois plus faible. Selon la loi d'Ohm, le voltage (en V) est égal à la résistance (en Ω) multipliée par le courant (en A). Le courant associé à un voltage de 120 V ne possède en milieu sec qu'une intensité à peine perceptible de 1 mA (120/100 000), alors qu'en milieu humide, le même voltage génère une intensité de courant de 120 mA (120/1 000), suffisante pour provoquer la mort. Il n'est donc pas étonnant qu'une grande majorité des électrocutions à faible voltage se produisent en milieu humide.

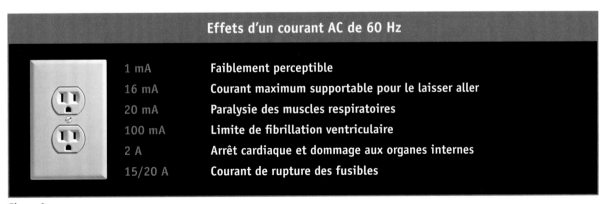

Effets d'un courant AC de 60 Hz

1 mA	Faiblement perceptible
16 mA	Courant maximum supportable pour le laisser aller
20 mA	Paralysie des muscles respiratoires
100 mA	Limite de fibrillation ventriculaire
2 A	Arrêt cardiaque et dommage aux organes internes
15/20 A	Courant de rupture des fusibles

Figure 3

Les courants plus importants sont bien sûr encore plus dangereux, principalement parce qu'ils peuvent causer une fibrillation ventriculaire, état très grave dans lequel la contraction désordonnée des parois musculaires du cœur empêche le sang de circuler et d'alimenter les organes. Cette fibrillation ventriculaire représente la principale cause des décès provoqués par les chocs électriques et seules une ressuscitation cardiopulmonaire destinée à relancer la circulation du sang dans le cerveau et l'intervention rapide à l'aide d'un défibrillateur cardiaque peuvent empêcher cette issue fatale. Cependant, lorsque le courant excède 1 A, les dommages occasionnés aux cellules sont permanents, surtout au niveau cardiaque. Comme on peut le constater, le courant requis pour électrocuter un être humain est très faible par rapport aux courants que l'on trouve habituellement dans une maison, protégés par des fusibles de 15 A ou 20 A, soit près de mille fois plus que l'intensité nécessaire pour provoquer des dommages considérables.

Le même principe régit le pistolet électrique communément appelé Taser et créé par un ingénieur de la NASA, Jack Cover. « Taser » est un acronyme dérivé du roman de science-fiction *Tom A. Swift and his Electic Rifle*. Plus de 450 000 de ces pistolets ont été fabriqués jusqu'à présent et sont utilisés par certains corps policiers partout dans le monde. Cette arme projette deux sondes avec des pointes qui s'accrochent aux vêtements de la victime et transmettent un courant de 2 mA, avec un potentiel de 50 000 V. Cette décharge électrique paralysante entraîne une perte temporaire de la coordination du tonus musculaire.

Inhabituels, mais spectaculaires, les types de morts évoqués ici nous rappellent le caractère imprévisible de la mort et la vulnérabilité de notre corps face aux forces physiques, chimiques ou électriques que nous côtoyons tous les jours.

< Policier armé d'un pistolet Taser

> Dieu du tonnerre, temple Tenjin, période Kamakura

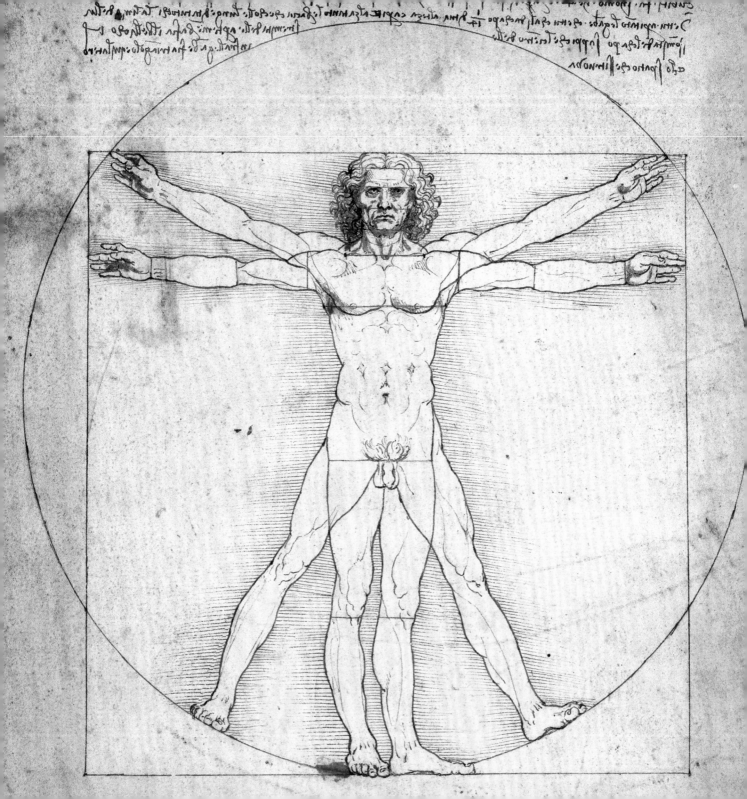

Chapitre 10

Les événements *post-mortem*

> De mon corps pourrissant, des fleurs pousseront
> et je serai en elles et c'est cela, l'éternité.
> Edvard Munch (1863-1944)

Les événements postérieurs au décès s'inscrivent dans un contexte beaucoup plus global de recyclage de l'énergie et de la matière dont notre univers est constitué et dont nous faisons partie en tant qu'êtres vivants. Notre planète est un exemple complexe d'écosystème à grande échelle, dont les organismes vivants sont les éléments constituants. Formée il y a environ 5 milliards d'années par l'agglomération et la condensation d'un nuage de gaz et de poussière provenant de l'explosion d'étoiles géantes, la Terre a gardé essentiellement la même composition depuis lors : chaque atome du monde qui nous entoure aujourd'hui provient de cette poussière d'étoile originelle. Car, en dépit de la taille colossale de l'univers et du nombre « astronomique » de galaxies, nous vivons dans un milieu isolé, auquel rien n'est ajouté, à l'exception de l'énergie du Soleil et des quelque 15 000 tonnes de poussières de météorites qui tombent sur la Terre chaque année (cet apport est cependant négligeable compte tenu du poids de la planète : environ 6×10^{24} kg). Chaque roche, chaque organisme, qu'il soit bactérien, végétal ou animal, est formé à partir de ces atomes initiaux, constamment recyclés au fil des milliards d'années. Bien entendu, les humains n'échappent pas à cette règle, et les atomes qui composent notre corps ont subi le même processus de recyclage : parmi les 7×10^{27} atomes présents en moyenne dans notre organisme – l'hydrogène, l'oxygène, le carbone et l'azote représentant à eux seuls 99 % de tous ces atomes (Figure 1) –, il est statistiquement tout à fait possible que certains de ces atomes aient brièvement appartenu dans le passé à un arbre, à une bactérie et, qui sait, même à un dinosaure !

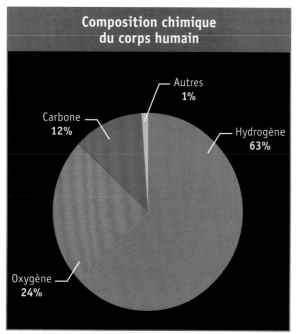

Composition chimique du corps humain

Autres 1%
Carbone 12%
Hydrogène 63%
Oxygène 24%

Figure 1

Évidemment, la même logique de recyclage s'applique à nos corps actuels. Comme le dit si bien la Bible (Genèse 3 : 19), « tu es poussière et tu retourneras à la poussière » et, que l'on croie ou non à la survie de l'âme, une des seules certitudes de l'existence est que l'assemblage d'atomes que nous appelons « corps humain » sera démantelé à la suite de notre mort. Loin d'être morbide, ce concept de recyclage peut au contraire apporter un certain réconfort, le sentiment que notre disparition permettra de redistribuer ces éléments de façon à permettre à d'autres organismes, végétaux ou animaux, de croître et de perpétuer la magnifique aventure que représente la vie sur la Terre. On peut comprendre les lecteurs plus sensibles qui préféreront éviter la description du processus de décomposition du corps humain ; pour les plus curieux, cependant, il s'agit d'un sujet qui permet d'aborder la mort sous un angle différent tout en remettant notre présence sur la Terre dans une perspective plus globale.

Algor, livor, rigor

Aussi naturelle et essentielle soit-elle, la décomposition d'un être humain est un spectacle peu attrayant. D'ailleurs, il est probable que les multiples rites funèbres ont vu le jour parce que l'on souhaitait soustraire à la vue (et à l'odorat) les transformations subies par le corps après la mort. En effet, que ce soit l'enfouissement, la crémation ou encore l'exposition des corps décédés aux oiseaux (dans le zoroastrisme), toutes ces traditions ont pour point commun de percevoir la dégradation du corps comme un état repoussant, l'emphase étant plutôt accordée à la libération de l'âme.

Même si le processus de décomposition du corps humain débute très rapidement, environ 4 minutes après l'arrêt des fonctions vitales, ce n'est généralement que quelques jours après la mort que les résultats de ce processus commencent à devenir visibles et à présenter un aspect qui risque de traumatiser toute personne non familiarisée avec la putréfaction des matières organiques. Néanmoins, avant d'arriver à ce stade, un cadavre présente un certain nombre de modifications caractéristiques, des changements bien connus des amateurs de romans policiers pour leur rôle important dans l'estimation du moment du décès.

L'un des premiers changements observables chez un mort est l'apparition d'une lividité cadavérique (*livor mortis*), c'est-à-dire une décoloration de la peau qui découle de l'accumulation du sang dans les zones les plus basses de l'organisme sous l'effet de la gravité. Cette redistribution est due au fait que le sang ne peut coaguler peu après le décès, phénomène dû à la libération massive d'enzymes anticoagulantes (fibrinolysines) par les vaisseaux sanguins. Cette lividité apparaît dès l'arrêt de la circulation du sang pour atteindre son point culminant douze heures après la mort. La moindre pression sur les vaisseaux sanguins empêche l'accumulation de sang au point de contact, de sorte que la distribution de la lividité cadavérique est fortement influencée par la position du corps au moment du décès, caractéristique fort utile en médecine légale pour déterminer si le corps a été déplacé. Par exemple, si la personne est décédée en position couchée, la lividité sera présente dans la portion inférieure du torse et des membres ainsi que dans le lobe des oreilles. Si le corps présente une telle distribution de sang, mais qu'il est retrouvé face contre terre, il y a quelque chose de louche !

∧ Fidèles assistant à la crémation du gourou Sant Rama Nand dans le village indien de Bahwan, le 4 juin 2009

Une deuxième modification importante provoquée par la mort est le refroidissement progressif du corps (*algor mortis*) : sa température atteint progressivement celle du milieu extérieur. Ce refroidissement est fortement influencé par une foule de facteurs environnementaux (vêtements, adiposité, etc.), mais, en général, on peut estimer l'heure du décès en comptant une baisse de 2 °C au cours de la première heure et de 1 °C par heure ensuite.

La modification la plus intrigante du corps qui survient dans les premières heures suivant la mort est sans doute la rigidité cadavérique (*rigor mortis*). Ce phénomène étrange, qui débute en général de deux à trois heures après le décès, est causé par le raidissement (involontaire) des muscles, rigidité qui touche dans un premier temps les muscles du visage et du cou, puis se propage progressivement vers les membres inférieurs. Au bout de douze à dix-huit heures, la personne devient littéralement « raide morte », et cet état peut persister jusqu'à trois jours après le décès. Les mécanismes responsables de cette *rigor mortis* sont longtemps demeurés mystérieux et ont donné lieu à plusieurs croyances plus ou moins loufoques. Par exemple, les médecins grecs et romains de l'Antiquité croyaient qu'elle pouvait faire redresser un mort en position assise. En réalité, même si les muscles se raidissent, ils ne peuvent se contracter de façon efficace pour autant (voir encadré p. 229).

Tomber raide mort

On peut comprendre la fascination exercée par la *rigor mortis* au fil du temps, car ce n'est que tout récemment, avec l'élucidation du mécanisme biochimique assurant la contraction musculaire, que les facteurs responsables de cette caractéristique de la mort ont pu être enfin cernés.

Alors que les cellules vivantes se servent de l'oxygène pour fabriquer l'ATP, leur principale source d'énergie, les cellules d'un organisme qui vient de mourir sont forcées de se tourner vers une « voie de secours », les réserves de glucose du muscle étant dès lors utilisées pour former de l'ATP. L'efficacité de ce mécanisme est cependant limitée, non seulement parce que l'ATP est complètement épuisé quelques heures après le décès, mais aussi parce qu'il entraîne la production de déchets métaboliques qui acidifient la cellule du muscle et modifient la fonction des protéines normalement impliquées dans la contraction musculaire. Dans des conditions normales, ces protéines (actine et myosine) interagissent seulement lorsqu'elles en reçoivent l'ordre à partir d'un signal provenant du système nerveux. Cependant, dans la cellule musculaire d'un mort, l'acidité de la cellule et la disparition de l'ATP font en sorte que cette restriction est levée, ce qui entraîne une interaction anormale entre les fibres musculaires et le raidissement du muscle qui s'ensuit. Même si cette interaction entre l'actine et la myosine est très forte et persiste jusqu'à ce que le processus de décomposition soit enclenché, elle n'est cependant pas suffisante pour produire une véritable contraction et un mouvement coordonné des muscles, car ce processus nécessite absolument la présence d'ATP dans la cellule. La *rigor mortis* est donc essentiellement causée par la disparition totale d'ATP quelques heures après la mort. C'est d'ailleurs pour cette raison que les personnes qui ont fait un effort musculaire intense (et ont donc épuisé la majeure partie de leur réserve de glucose et d'ATP) avant de mourir sont généralement touchées plus rapidement par la rigidité cadavérique.

Il ne faut pas confondre la rigidité avec le spasme cadavérique, forme rare de raidissement musculaire qui se produit au moment même de la mort. La cause de ce phénomène demeure inconnue, mais est généralement associée à des morts violentes.

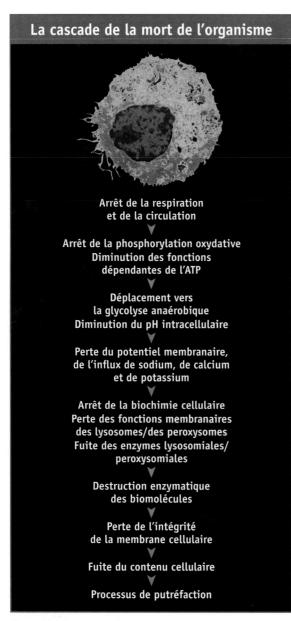

La cascade de la mort de l'organisme

Arrêt de la respiration
et de la circulation

↓

Arrêt de la phosphorylation oxydative
Diminution des fonctions
dépendantes de l'ATP

↓

Déplacement vers
la glycolyse anaérobique
Diminution du pH intracellulaire

↓

Perte du potentiel membranaire,
de l'influx de sodium, de calcium
et de potassium

↓

Arrêt de la biochimie cellulaire
Perte des fonctions membranaires
des lysosomes/des peroxysomes
Fuite des enzymes lysosomiales/
peroxysomiales

↓

Destruction enzymatique
des biomolécules

↓

Perte de l'intégrité
de la membrane cellulaire

↓

Fuite du contenu cellulaire

↓

Processus de putréfaction

Figure 2

Autodestruction *post-mortem*

Autre conséquence du manque d'oxygène qui survient après la mort : la mise en branle d'un véritable processus d'autodestruction des cellules qui composent les différents organes du corps (Figure 2). Tout comme la *rigor mortis*, ce processus, appelé « autolyse » (autodigestion) est aussi déclenché principalement par l'acidification de la cellule que provoque l'acide lactique produit par la combustion d'ATP en l'absence d'oxygène. Cette acidification engendre une cascade d'événements qui altèrent de façon irréversible la structure même des constituants des cellules. C'est le chant du cygne de ce qui avait été jusqu'alors une merveille d'organisation et de rangement : les membranes des différents compartiments cellulaires se dissolvent et deviennent perméables ; certains électrolytes, notamment le potassium, sont expulsés des cellules et peuvent s'accumuler de façon anormale dans certains tissus (par exemple, le potassium dans l'humeur vitreuse de l'œil est utilisé pour estimer le moment du décès) ; une foule d'enzymes de dégradation, normalement stockées dans des compartiments spécialisés et isolées du reste de la cellule, sont relâchées et cannibalisent les principaux constituants de la cellule, devenus vulnérables à leur action (protéines, lipides, ADN), en particulier au niveau des organes impliqués dans la digestion, qui renferment de grandes quantités de ces enzymes (pancréas, intestin). Quelques jours après la mort de l'organisme dans son ensemble, les cellules

> Un des corps humains plastinés de l'exposition anatomique de Gunter von Hagens

rendent donc les armes à leur tour, laissant le corps dans un état légèrement acide, sans oxygène et dont le riche contenu en éléments nutritifs n'est plus protégé par la structure des cellules ou aucune défense immunitaire. Un terrain idéal pour les microorganismes opportunistes !

En absence d'embaumement ou d'une crémation rapide, le premier signe apparent de putré-faction est l'apparition, environ 48 heures après le décès, d'une tache de couleur verdâtre dans la région abdominale inférieure droite (fosse iliaque), section qui correspond à la première portion du côlon (cæcum). Cette décoloration est causée par la prolifération rapide des nombreuses bactéries présentes dans cette région de l'intestin (plusieurs milliards par gramme de tissu)

L'odeur de la mort

Il semble que la détection de l'odeur de la mort soit une caractéristique fondamentale des êtres vivants : des expériences récentes indiquent que même les fourmis et les cafards reconnaissent certaines molécules produites lors de la mort de leurs congénères et évitent de s'installer au même endroit (instinct fort utile, car cette odeur peut signaler la présence d'un prédateur efficace dans les environs !).

Chez les humains, la puanteur produite par la décomposition est surtout due au sulfure d'hydrogène (H_2S), gaz dont l'odeur rappelle celle des œufs pourris ou des excréments (selon les personnes). Deux produits de dégradation des protéines au nom évocateur, la cadavérine et la putrescine, contribuent également de façon non négligeable à l'odeur nauséabonde du cadavre en putréfaction, et ces molécules sont d'ailleurs utilisées pour le dressage de chiens spécialisés dans la recherche de cadavres. Le flair impressionnant de ces limiers permet même la détection de cadavres immergés : par exemple, un de ces chiens a réussi à détecter l'odeur d'un nageur disparu depuis plus d'un an dans les eaux du lac Léman, en Suisse, même si le corps se trouvait à 45 m de profondeur... La meilleure race de *cadaver dog* est le chien de Saint-Hubert, animal sympathique grandement popularisé par le personnage de Pluto.

qui génèrent des gaz comme le sulfure d'hydrogène (H_2S), lequel réagit avec le fer de l'hémoglobine du sang pour former la sulfhémoglobine, un dérivé de couleur verdâtre. Sous la pression croissante du gaz formé, ces taches se répandent par la suite dans d'autres régions du corps (thorax, tête, membres) et deviennent de plus en plus noires. En parallèle, les bactéries de l'intestin sont rejointes par une impressionnante légion provenant du milieu extérieur et commencent à se diffuser dans tout l'organisme en empruntant les vaisseaux sanguins. Ce phénomène se traduit par l'apparition, sur la peau, d'un motif semblable à du marbre (*marbling*) causé par la coloration des veines superficielles. Ces changements de couleur de la peau s'accompagnent de la formation de cloques (phlyctènes) remplies de gaz et de liquides de putréfaction, celles-ci pouvant atteindre 20 cm et exposer de larges parties du derme en s'ouvrant.

Le dégagement de gaz résultant de la prolifération des bactéries exerce à la longue une pression de plus en plus grande sur la paroi extérieure du corps et provoque un ballonnement impressionnant, qui fait pratiquement doubler le volume du cadavre. Bien entendu, l'abdomen est particulièrement gonflé étant donné la grande quantité de bactéries présentes, mais d'autres régions sont aussi touchées, notamment la tête : les globes oculaires sont expulsés des orbites, les lèvres gonflent et la langue pend. Ces gaz d'origine microbienne sont également responsables de l'odeur nauséabonde associée au processus de décomposition, propriété due à plusieurs de leurs constituants, entre autres le sulfure d'hydrogène, certains dérivés d'acides gras (acides butyrique et propionique) de même que des produits de dégradation des protéines (cadavérine, putrescine) (voir encadré p. 233).

Si une bonne partie de ces gaz peut être évacuée par les orifices naturels (bouche, narines, rectum, vagin), il arrive que la peau se fissure sous la forte pression qu'ils exercent ou encore à la suite d'une manipulation du cadavre. On trouve un exemple frappant de ce phénomène dans la description de la mort de Guillaume le Conquérant (le 9 septembre 1087) faite par l'historien Orderic Vital (*Histoire de Normandie*, Livre VII, c. 1140) :

« Cependant, comme on descendait le corps dans la bière, et qu'on s'efforçait de le plier, parce qu'elle se trouvait trop petite par la maladresse des ouvriers, le ventre, qui était très gras, creva, et une intolérable odeur frappa les personnes qui l'environnaient ainsi que le reste du peuple. Vainement la fumée de l'encens et des autres aromates s'élevait copieusement des encensoirs : elle ne pouvait l'emporter sur l'horrible puanteur qui s'exhalait. C'est pourquoi les prêtres se hâtèrent de terminer la cérémonie, et de se retirer de suite tout effrayés dans leurs demeures. »

Et on peut les comprendre… Cette production abondante de gaz est une conséquence directe de l'intense activité métabolique produite par les microorganismes qui ont pris possession du cadavre. Pour se nourrir, ces bactéries libèrent une multitude d'enzymes spécialisées dans la dégradation de molécules complexes (protéines, polysaccharides), de façon à les réduire en plus petites entités, assimilables par leur métabolisme, procédé sans doute essentiel pour leur croissance mais générateur de nombreux gaz malodorants comme déchets métaboliques. Cependant, outre la production de gaz nauséabonds, cette dégradation bactérienne joue un rôle capital dans la décomposition du corps en liquéfiant et en dissolvant complètement les tissus.

Un grand nombre de facteurs déterminent la vitesse ainsi que l'apparence du processus de putréfaction. Ainsi, la prolifération des bactéries sera beaucoup plus rapide chez un individu mort des suites d'une infection ou d'une plaie ouverte. À l'inverse, une personne assassinée à l'aide d'un poison violent putréfiera plus lentement : ses molécules seront également toxiques pour les microorganismes responsables de la putréfac-

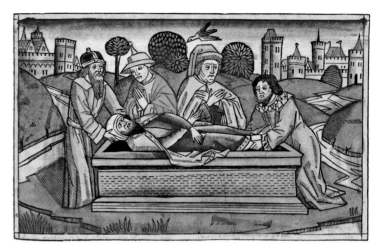

tion. La température ambiante, le degré d'humidité ainsi que l'endroit où se trouve le cadavre auront évidemment une influence déterminante sur le processus. En règle générale, une semaine de putréfaction à l'air libre équivaut à deux semaines en milieu aquatique et à huit semaines dans le sol.

Les insectes s'en mêlent

J'ai entendu le bruit d'une mouche en mourant.

Emily Dickinson

Ce vers célèbre est prémonitoire, étant donné la grande attirance qu'exercent les cadavres sur de nombreux insectes nécrophages, en particulier lorsqu'ils se trouvent à l'air libre. Puisque l'ordre de colonisation d'un corps par les insectes nécrophages obéit à une séquence bien déterminée, il est possible de corréler la présence de certains avec

∧ Enterrement de Josias, extrait de *Biblia Sacra Germanaica*, artiste inconnu

le moment et le lieu du décès, informations d'une importance souvent capitale dans les enquêtes portant sur des meurtres. Cette stratégie d'investigation ne date pas d'hier. Au XIIIe siècle, après le meurtre d'un fermier chinois à qui l'on avait asséné un coup d'instrument tranchant, tous les suspects furent convoqués sur les lieux du crime avec leurs faucilles. Une de ces faucilles attira un grand nombre de mouches, en raison de la présence de résidus de sang, ce qui força son propriétaire à confesser le meurtre.

Ce n'est cependant qu'avec la publication, en 1894, du célèbre *La Faune des cadavres: application de l'entomologie à la médecine légale* par Jean-Pierre Mégnin (1828-1905) que la colonisation des corps en décomposition par les insectes fut décrite en détail, donnant naissance à ce que l'on appelle aujourd'hui l'entomologie forensique. Mégnin a observé non pas une ruée générale des insectes sur la viande en décomposition, mais plutôt une véritable procession bien ordonnée au cours de laquelle huit « escouades » distinctes se succèdent selon leur préférence pour la chair fraîche ou à différentes étapes du processus de décomposition. Les premiers insectes sont habituellement les diptères comme les *Muscidae* (mouches communes), les *Calliphoridae* (mouches vertes et bleues) et les *Sarcophagidae* (mouches grises de la viande). Ces mouches aiment pondre sur des cadavres très frais et peuvent arriver quelques minutes seulement après la mort, bien avant que le processus de décomposition ne soit véritablement enclenché. Elles utilisent les orifices naturels du corps ou les plaies ouvertes pour pondre leurs œufs, et leurs larves, nommées « asticots », se développent par la suite en se nourrissant du corps en décomposition pour former des pupes intermédiaires et enfin des mouches adultes. Après ces premiers fossoyeurs viendront diverses variétés de coléoptères, de mouches et de scarabées au nom fort évocateur (*Drosophila funebris*, *Necrobia violacea*, *Necrophorus humato*, entre autres). Certains de ces insectes festoient directement sur le cadavre alors que d'autres, encore plus opportunistes, utilisent ces insectes nécrophages comme source de nourriture. La vitesse d'arrivée et de développement de chacune de ces espèces est fortement influencée par les conditions climatiques dans lesquelles se trouve le cadavre ainsi que par sa « disponibilité ». Cependant, même si la vitesse de décomposition est considérablement réduite lorsque le corps est embaumé et inhumé à une certaine profondeur dans un cercueil étanche, l'issue ne laisse aucun doute : le corps humain, qu'il soit enterré, incinéré ou embaumé retourne ultimement à l'état de poussière, redonnant à l'écosystème planétaire les précieux atomes

∧ Scatophage du fumier (*Scathophaga stercoraria*)   > La Voie lactée

qui serviront à continuer l'aventure de la vie sur la Terre.

Momies naturelles

Dans certaines conditions climatiques précises, le déroulement du processus de putréfaction est altéré ; il en résulte une décomposition incomplète du cadavre. Par exemple Ötzi, un humain enseveli pendant quelque 5 000 ans sous une couche de glace, a été retrouvé par hasard en 1991 dans les montagnes qui séparent l'Italie et l'Autriche, relativement bien préservé par la congélation. Beaucoup plus « jeune », l'homme de Tollund a été retrouvé en 1950 dans une tourbière du Danemark : cette momie naturelle est particulièrement saisissante en raison de l'étonnante netteté des traits de son visage. Pourtant, les analyses indiquent que cette personne est morte environ 400 ans av. J.-C. ! Cette conservation est due à l'acidité de l'eau des tourbières qui, combinée à un milieu froid et pauvre en oxygène, provoque un dessèchement de la peau et un tannage naturel.

Une des anomalies de décomposition les plus spectaculaires est la formation d'adipocire, substance qui a une consistance semblable à celle de la cire et que l'on peut trouver à la surface de certains cadavres. Ce terme, dérivé du latin *adeps* (« gras ») et *cera* (« cire »), a été pour la première fois employé par le chimiste français Antoine-François Fourcroy pour décrire la matière à mi-chemin entre le gras et la cire qu'il avait observée sur des cadavres d'enfants exhumés lors de la fermeture du cimetière des Innocents, à Paris, au XVIIIe siècle. Intrigués par la composition de cette substance, Fourcroy et ses collègues montrèrent par la suite qu'elle était chimiquement comparable à du savon !

On sait maintenant que l'apparition d'adipocire est due à la dégradation du tissu adipeux par certaines bactéries anaérobiques (en particulier *Clostridium perfringens*) qui provoque la libération d'acides gras libres et leur interaction avec certains ions libérés par l'autolyse initiale du corps. Dans des conditions optimales, c'est-à-dire dans un milieu humide, alcalin et pauvre en oxygène, les acides gras libérés peuvent former avec le sodium ou le potassium des composés solides, d'une façon un peu similaire à la réaction qui provoque la formation de savon. Lorsque le cadavre a subi une putréfaction lente, ce « savon » est surtout formé avec le sodium présent en abondance dans les fluides corporels et est de consistance plus molle, un peu comme du fromage. Quand la putréfaction est plus rapide, la libération de potassium à la suite de l'autolyse des cellules entraîne la formation d'une substance plus dure, semblable à de la cire de chandelle. Évidemment, les corps contenant une plus grande proportion de gras, comme les enfants, les femmes et les obèses, sont plus susceptibles de se couvrir d'adipocire.

La transformation du gras corporel en adipocire demeure néanmoins un phénomène rare, surtout observé sur des corps enterrés dans des sols humides ou encore décédés par noyade.

Néanmoins, lorsqu'elle est présente, l'adipocire permet de retarder de façon spectaculaire le processus de putréfaction grâce à l'action bactéricide de ce « savon ». Par exemple, l'analyse de la dépouille funéraire d'un enfant datant de l'époque romaine a révélé un corps recouvert d'adipocire, extrêmement bien préservé plus de 1 600 ans après la mort.

Sokushinbutsu : l'automomification

Originaire du nord du Japon, le *sokushinbutsu* désigne le processus par lequel certains moines japonais se sont volontairement momifiés. Cette mort découle d'une lecture extrême du bouddhisme, philosophie selon laquelle le monde perceptible est une illusion qui masque l'existence d'une entité suprême immatérielle, séparée du monde physique. La première étape de la momification consistait pour les moines à ne manger, pendant mille jours, que des graines et des noix tout en faisant le plus possible d'exercice physique. Au terme de ce « régime », la masse adipeuse était réduite au minimum, ce qui éliminait une composante sujette à la putréfaction. Durant les mille jours suivants, ce régime était remplacé par un apport alimentaire strictement composé d'écorces et de racines, avec l'ajout, vers la fin de cette période, d'un thé fait avec de la sève d'*urushi* (*Toxicodendron vernicifluum*), substance très toxique normalement utilisée comme laque, et l'eau de source du mont Yudono. On sait maintenant que cette eau contient des concentrations anormalement élevées d'arsenic qui, en

^ Corps momifié d'un moine bouddhiste

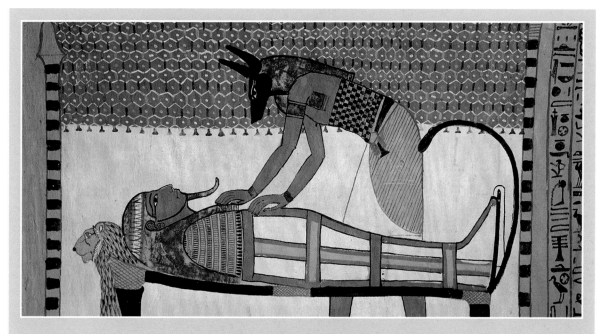

Embaumer la mort

Les Égyptiens de l'Antiquité ont exercé une influence déterminante sur le développement des techniques destinées à préserver l'intégrité du corps après la mort. À cette époque, la mort n'était considérée ni comme une fin ni comme un commencement, mais plutôt comme un prolongement de la vie terrestre ; pour accéder à l'Au-delà et rejoindre le royaume d'Osiris, dieu des morts, le corps d'un défunt devait être préservé afin d'assurer une existence à son âme.

Déjà présente lors de la IIIᵉ dynastie (2800 av. J.-C.), la momification a néanmoins véritable-ment atteint son apogée au cours des XVIIIᵉ et XIXᵉ dynasties (1550-1070 av. J.-C.), une période marquée notamment par le règne de Ramsès II.

La conception d'une momie était un processus fort complexe que nous avons la chance de connaître grâce aux observations de l'historien grec Hérodote. D'une durée de 70 jours, soit la durée d'éclipse de Sirius, le procédé consistait dans un premier temps à réduire le cerveau en bouillie à l'aide une tige de bronze passée à travers la fosse nasale (os eth-moïde), puis à remplir la boîte crânienne de diverses résines possédant des propriétés antiseptiques.

Ensuite, avec une pierre éthiopienne aiguisée, ils fendent le flanc, font sortir tous les intestins de l'abdomen, le lavent avec du vin de palmier, le saupoudrent de parfums broyés et finalement le recousent après l'avoir rempli de myrrhe pure concassée, de cannelle et d'autres parfums, dont l'encens seul est exclu.

Hérodote, *Histoires***, Livre II, 86-87**

Le corps était par la suite déshydraté pendant 50 jours à l'aide de natron, un dépôt cristallin laissé par la décrue printanière de certains lacs entre Le Caire et Alexandrie et contenant (entre autres) du carbonate et du bicarbonate de soude, qui absorbe l'humidité des tissus. Pour finir, le corps était rempli de matériaux destinés à finaliser l'absorption de liquide et enveloppé de bandes de lin enduites de gomme ou de résine de conifères. À partir du Nouvel Empire, le visage et les épaules étaient recouverts d'un masque, le plus célèbre étant sans doute celui de Toutankhamon, fait d'or massif.

L'embaumement moderne

L'embaumement, tel qu'il est pratiqué aujourd'hui, ne vise pas à atteindre la durée de conservation des corps qui était recherchée par les Égyptiens ; il s'agit plutôt de préserver le corps le temps de procéder aux rites entourant l'inhumation, et aussi de prévenir la propagation de maladies et d'améliorer l'apparence de la personne décédée.

La procédure d'embaumement, maintenant nommée thanatopraxie (du grec Thanatos, dieu de la mort), peut considérablement varier selon l'état de la dépouille et les causes du décès mais consiste généralement à expulser le sang du corps par l'injection dans la carotide ou l'artère fémorale de plusieurs litres d'un liquide stérilisateur contenant (entre autres) du formaldéhyde (de 5 à 35 %) et de l'alcool éthylique (de 9 à 56 %). Une incision pratiquée dans les veines correspondantes (jugulaire ou fémorale) permet l'écoulement des fluides corporels. Le formaldéhyde présent dans ce liquide est une molécule qui possède un fort pouvoir désinfectant et qui interagit également avec les protéines des cellules pour provoquer la fixation chimique des tissus ; cette fixation est d'ailleurs la grande responsable de la fermeté de la peau d'une personne embaumée. Un colorant peut également être ajouté à cette solution pour générer un teint rosé, plus représentatif de l'apparence de la personne en vie. Les gaz et les liquides présents dans la cavité abdominale sont également prélevés et remplacés par des agents de conservation. Même si cette méthode d'embaumement permet de retarder considérablement la dégradation du corps, ce n'est que temporaire puisque les micro-organismes présents dans l'air et le sol entameront plus tard la décomposition totale après la mise en terre.

242

< Masque funéraire de Toutankhamon

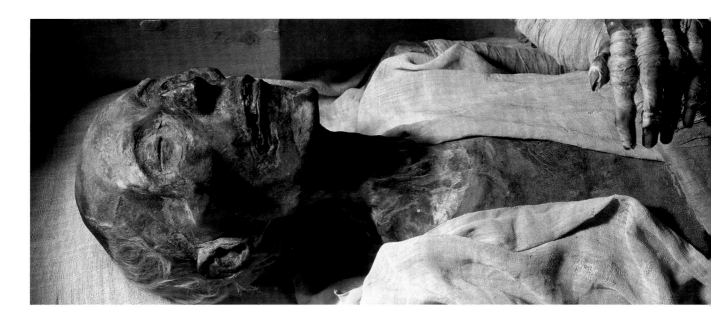

combinaison avec la laque, devait créer un environnement toxique et stérile à l'intérieur du corps et ainsi réduire les risques de décomposition après la mort, autant par les bactéries que par les insectes. Finalement, au terme de ce processus, les moines se retiraient dans une chambre souterraine si exiguë qu'ils pouvaient seulement s'asseoir dans la position du lotus pour méditer, ne demeurant reliés au monde extérieur que par un tube pour respirer et une cloche, qu'ils sonnaient une fois par jour de façon à indiquer qu'ils étaient toujours vivants. Lorsque cette cloche devenait silencieuse, la tombe était scellée pendant mille jours, après quoi les corps étaient exhumés. Les moines ayant résisté à la décomposition étaient élevés au rang de Bouddha. On peut encore aujourd'hui contempler ces momies dans certains temples du Japon.

De toutes nos peurs et ignorances de la mort, les processus décrits dans ce chapitre sont pour de nombreuses personnes parmi les plus perturbants. Plutôt qu'être source d'angoisse, ces phénomènes devraient nous amener à réfléchir sur la finitude de notre existence et sur le caractère modeste et éphémère de notre présence sur la Terre. Modestie et humilité ne sont-elles pas des valeurs humaines fondamentales, communes à beaucoup de cultures ?

Il fallait le génie d'un des plus grands poètes de l'histoire, Charles Baudelaire, pour réussir à chanter l'amour à partir d'un thème aussi peu inspirant !

Une charogne

Rappelez-vous l'objet que nous vîmes, mon âme,
Ce beau matin d'été si doux :
Au détour d'un sentier une charogne infâme
Sur un lit semé de cailloux,

Les jambes en l'air, comme une femme lubrique,
Brûlante et suant les poisons,
Ouvrait d'une façon nonchalante et cynique
Son ventre plein d'exhalaisons.

Le soleil rayonnait sur cette pourriture,
Comme afin de la cuire à point,
Et de rendre au centuple à la grande Nature
Tout ce qu'ensemble elle avait joint ;

Et le ciel regardait la carcasse superbe
Comme une fleur s'épanouir.
La puanteur était si forte, que sur l'herbe
Vous crûtes vous évanouir.

Les mouches bourdonnaient sur ce ventre putride,
D'où sortaient de noirs bataillons
De larves, qui coulaient comme un épais liquide
Le long de ces vivants haillons.

Tout cela descendait, montait comme une vague,
Ou s'élançait en pétillant ;
On eût dit que le corps, enflé d'un souffle vague,
Vivait en se multipliant.

Et ce monde rendait une étrange musique,
Comme l'eau courante et le vent,
Ou le grain qu'un vanneur d'un mouvement rythmique
Agite et tourne dans son van.

Les formes s'effaçaient et n'étaient plus qu'un rêve,
Une ébauche lente à venir,
Sur la toile oubliée, et que l'artiste achève
Seulement par le souvenir.

Derrière les rochers une chienne inquiète
Nous regardait d'un œil fâché,
Épiant le moment de reprendre au squelette
Le morceau qu'elle avait lâché.

— Et pourtant vous serez semblable à cette ordure,
À cette horrible infection,
Étoile de mes yeux, soleil de ma nature,
Vous, mon ange et ma passion !

Oui ! telle vous serez, ô la reine des grâces,
Après les derniers sacrements,
Quand vous irez, sous l'herbe et les floraisons grasses,
Moisir parmi les ossements.

Alors, ô ma beauté ! dites à la vermine
Qui vous mangera de baisers,
Que j'ai gardé la forme et l'essence divine
De mes amours décomposés !

Charles Baudelaire
Les Fleurs du mal, 1857

> Pieter Claesz, *Vanité – nature morte*

Chapitre 11

Mourir de rire

La mort est, avec l'amour, le thème qui a, sans nul doute, le plus inspiré les esprits philosophes et poètes de l'histoire humaine. Car, finalement, n'est-ce pas en riant que nous pouvons le mieux triompher de la mort ?

« Toutes les bonnes choses ont une fin.
Sauf les saucisses, qui en ont deux. »

Jean-Marc Minotte, dit Jean l'Anselme

« "Je m'éteins !" dit le pompier avant de mourir. »

Pierre Doris

« Qu'est-ce que la mort ?
– Un mauvais moment à trépasser. »

Claude Aveline

« Apprendre à mourir et pourquoi ? On y réussit très bien la première fois. »

Nicolas de Chamfort

« Dès que le cœur d'un grand homme cesse de battre, on donne son nom à une artère. »

Eugène Labiche

« Ne prenez jamais la vie trop au sérieux : de toute façon, vous n'en sortirez pas vivant. »

Elbert Hubbard

« Le néant, c'est l'univers sans moi. »

Yves Scandel, dit André Suarès

« La santé est un état précaire qui ne laisse présager rien de bon. »

Jules Romains

« Le temps ride la peau des hommes et polit celle des pneus. »

Paul Morand

« Mourir, c'est à la fois quitter la terre et y pénétrer. »

André Birabeau

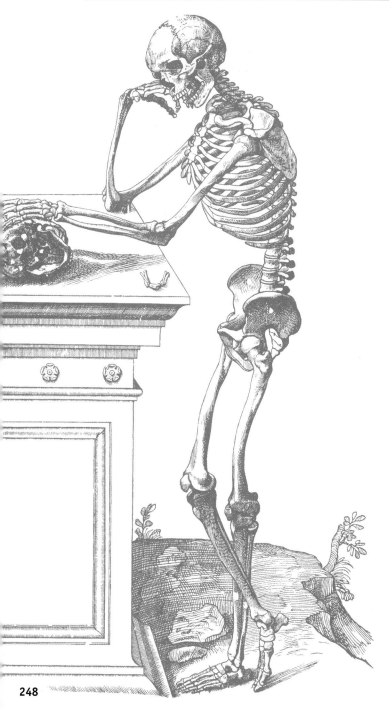

« Tout le temps vivre, à la longue, c'est mortel. »

Jacques Audiberti

« Il est mort, alors pourquoi irais-je à son enterrement, puisque je suis sûr qu'il n'ira pas au mien ? »

Jacques Prévert

« Ne pouvant plus supporter l'idée de la mort, il se tue. »

Claude Roy

« C'est l'ombre de la mort qui donne son relief à la vie. »

Ingmar Bergman

« Il faut vivre vieux, et même très vieux, et même excessivement vieux. Ainsi on a le plaisir, au fil des années, d'enterrer les gens qui se moquent de vous. »

Jean Dutourd

« La plus belle mort, c'est d'être tué à 80 ans d'un coup de revolver par un mari jaloux. »

Francis Blanche

« Vie : passage sur terre
Mort : passage sous terre. »

Jacques Kalaydjian, dit Jicka

« Les gourmands font leur fosse avec leurs dents. »

Henri Estienne

«Tout le malheur des hommes vient d'une seule chose qui est de ne pas savoir demeurer au repos dans une chambre.»

Blaise Pascal

«La mort ne m'aura pas vivant.»

Jean Cocteau

«On pourrait citer de nombreux exemples de dépenses inutiles. Les murs des cimetières: ceux qui sont dedans ne peuvent pas en sortir, et ceux qui sont à l'extérieur ne veulent pas y entrer.»

Mark Twain

«Le fait qu'il soit mort ne prouve absolument pas qu'il ait vécu.»

Stanislaw Jerzy Lec

«La brebis morte n'a plus peur du loup.»

Proverbe russe

«Il y aurait une grande mortalité si l'on cessait de vivre lorsqu'on n'a plus rien à dire.»

Abbé de Voisenon

«Nous deviendrons tous poètes, nous allons tous faire des vers...»

Georges-Jacques Danton

«Le sommeil est un emprunt fait à la mort pour l'entretien de la vie.»

Arthur Schopenhauer

«Qui doit mourir meurt dans l'obscurité même s'il est marchand de chandelles.»

Proverbe colombien

«Dureté et rigidité sont compagnons de la mort. Fragilité et souplesse sont compagnons de la vie.»

Proverbe chinois

«Le cadavre du pape ne prend pas plus de place que celui du sacristain.»

Proverbe espagnol

«C'est merveilleux, la vieillesse, dommage que ça finisse si mal !»

François Maurice

«À bien mourir chacun doit tendre. À la fin faut devenir cendre.»

Proverbe français

«La mort n'est pas derrière les montagnes, elle est derrière nos épaules.»

Proverbe russe

«Il y a deux choses qu'on ne peut regarder fixement: le soleil et la mort.»

François de La Rochefoucauld

«La mort n'est, en définitive, que le résultat d'un défaut d'éducation, puisqu'elle est la conséquence d'un manque de savoir-vivre.»

Pierre Dac

« Quelques-uns meurent trop tôt.
Beaucoup meurent trop tard.
Très peu meurent à temps. »

Friedrich Nietzsche

« À part la maladie, la guerre, la mort, ça va ? »

Joseph Delteil

« Je voudrais mourir, debout dans un champ, au soleil
Non dans un lit aux draps froissés,
À l'ombre close des volets où ne vient plus une abeille. »

Jean Ferrat

« Il n'aurait fallu, qu'un moment de plus, pour que la mort vienne,
Mais une main nue, alors est venue, qui a pris la mienne.
Qui donc a rendu leur couleur perdue, aux jours, aux semaines ?
Sa réalité à l'immensité des choses humaines.
Rien qu'un mouvement,
Ce geste en dormant, léger, qui me frôle
Un front qui s'appuie à moi dans la nuit,
De grands yeux ouverts
Et tout m'a semblé comme un champ de blé dans cet univers. »

Louis Aragon

« Bah ! je ne laisse après moi que des mourants. »

Ninon de Lenclos (à sa mort)

« Mourir, mais c'est la dernière chose à faire. »

André Wurmser

« L'homme, ce condamné à mort. »

Jules Renard

« La mort, c'est tellement obligatoire que c'est presque une formalité. »

Marcel Pagnol

« La mort est une idée de vivant. Elle est épouvantable par la quantité de vie que le vivant y place. »

Paul Valéry

« *You die, we do the rest.* »

Slogan publicitaire de l'industrie funéraire américaine

« Il dormait à poings fermés pour cause de décès. »

Jules Renard

« On ne se prépare pas à la mort. On se détache de la vie. »

Paul Claudel

« Maladies : les essayages de la mort. »

Jules Renard

« La phrase la plus bête qu'aucune oreille humaine ait jamais entendue est celle qui a trait aux "lendemains qui chantent". Quel autre lendemain que la pourriture, que la dissolution et que le néant ? »

François Mauriac

«Tout homme qui va mourir est composé de deux hommes : celui qu'il fut, qui maintient debout celui qu'il est.»

Henry de Montherlant

«La douleur est un siècle et la mort, un moment.»

Jean-Baptiste Grasset

«Ce n'est pas la mort qui est le plus grand mystère, c'est la vie.»

Henry de Montherlant

«Philosopher, c'est apprendre à mourir.»

Michel de Montaigne

«La mort ? Pourvu que je vive jusque-là !»

Jean Paulhan

«Il est noble d'apprendre à mourir.»

Épicure

«La mort ne m'impressionne pas, j'ai moi-même, en effet, l'intention bien arrêtée de mourir un jour.»

Jules Renard

«Combien d'hommes meurent dans un homme avant sa mort !»

Edmond et Jules de Goncourt

«Mourant de sa belle mort, il la trouva laide.»

Robert Sabatier

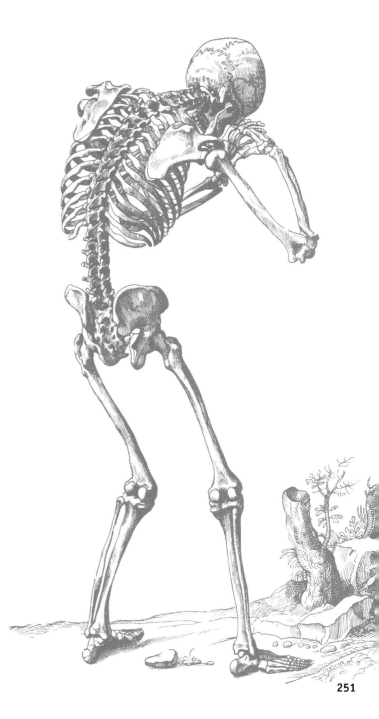

«Croyez que chaque jour est pour vous le dernier.»
Horace

«L'homme accepte la mort, mais non l'heure de sa mort. Mourir n'importe quand, sauf quand il faut que l'on meure.»
Emil Michel Cioran

«Si tu veux vivre, tu veux aussi mourir; ou bien tu ne conçois pas ce qu'est la vie.»
Paul Valéry

«La vie tue.»
Louis Scutenaire

«Aujourd'hui moi
Demain toi»
Inscription à l'entrée d'un cimetière d'Alger

«Exiger l'immortalité de l'individu, c'est vouloir perpétuer une erreur à l'infini.»
Arthur Schopenhauer

«Il serra la main à tous les morts et se mit à la queue derrière eux.»
Elias Canetti

«Je vous l'avais bien dit que j'étais malade!»
Inscription sur une tombe

«De quelque côté que tu tournes, la mort est aux aguets.»
Affiche dans les catacombes de Paris

«Ils furent ce que nous sommes
Poussière, jouet du vent
Fragiles comme des hommes
Faibles comme le néant.»
Alphonse de Lamartine

«J'observe la mort à l'œuvre dans le miroir.»
Jean Cocteau

«Il se défit de sa dernière crainte et mourut.»
Elias Canetti

«L'immortalité de l'âme a été inventée par la peur de mourir ou par le regret des morts.»
Gustave Flaubert

«Il n'y a plus que la peur de la mort qui les retienne à la vie.»
Jules Renard

«Dès qu'on l'envisage bien, la mort est douce à comprendre.»
Jules Renard

«La mort d'un seul homme, c'est une tragédie. La disparition de millions de personnes, c'est de la statistique.»
Joseph Staline

«La mort est douce: elle nous délivre de la pensée de la mort.»
Jules Renard

«C'est grand, la mort… c'est plein de vie dedans.»

Félix Leclerc

«Celui qui ne meurt pas avant de mourir est perdu quand il meurt.»

Jacob Boehme

«À mon mari, mort après un an de mariage.»
Sa femme reconnaissante.

Inscription sur une tombe du cimetière du Père-Lachaise

«Vous avez la vie entière pour vous rigoler, et toute la mort pour vous reposer.»

François Rabelais, *Traité de bon usage de vin*

«Il mourut avec un bel avenir derrière lui.»

James Joyce

«Si haut qu'on monte, on finit toujours par des cendres.»

Henri Rochefort

«La vie est plaisante. La mort est paisible. C'est la transition qui est ennuyeuse.»

Isaac Asimov

«Le lit est l'endroit le plus dangereux du monde: 80% des gens y meurent.»

Mark Twain

«À la mort de son mari, elle cessa enfin de se sentir seule.»

Gilbert Cesbron

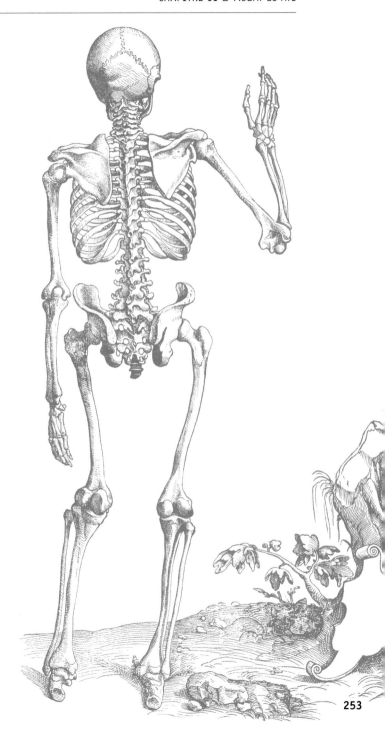

> Le temple de Ryōan-ji (page suivante)

« La peur est une souffrance.
La peur est la non-acceptation de ce qui est.
La peur n'existe que par rapport à quelque chose.
C'est l'esprit qui crée la peur.
Seule la connaissance de soi peut vous affranchir de la mort.
La connaissance de soi est le commencement
de la sagesse et la fin de la peur.»

Jiddu Krishnamurti

Il y a 30 ans, l'ami et mentor de Richard Béliveau, Ben Sulsky, subissait une grave attaque cardiaque nécessitant plusieurs interventions chirurgicales majeures. Il voyait la mort de très près. Il décida alors de modifier de façon draconienne son mode de vie. Arrêt du tabagisme, entraînement physique quotidien, saine alimentation, activité intellectuelle soutenue et engagement philanthropique, tels ont été ses outils de prise en main.

Il a appris le tennis à 73 ans et le golf à 80 ans. Il aura 85 ans cette année. C'est un grand amoureux de la vie, un épicurien avec un grand sens de l'humour, un esprit curieux et iconoclaste et un être d'une générosité exceptionnelle. Et si l'amour de la vie et la générosité de ses sentiments étaient les meilleurs moyens de triompher de notre peur de la mort?

Conclusion

Les hommes vivent comme s'ils n'allaient jamais mourir
Et meurent comme s'ils n'avaient jamais vécu.

Le dalaï-lama

Je n'ai pas peur de la mort.
J'ai été mort pendant des milliards et des milliards d'années avant de naître,
et je n'en ai pas souffert le moins du monde.

Mark Twain

Même si la conscience aiguë du caractère éphémère de l'existence est une spécificité fondamentale de l'espèce humaine, la mort demeure malgré tout une épreuve individuelle, que nous abordons chacun à notre façon et au meilleur de nos capacités. Il n'y a pas de « mode d'emploi » général pour faire face à la mort; notre attitude devant la fin de l'existence est plutôt un amalgame complexe d'émotions générées par l'action combinée de nos expériences, de nos connaissances, de nos gènes ainsi que de leur influence globale sur nos valeurs et sur notre perception de ce que représente la vie. Pour certaines personnes, la contribution de tous ces facteurs fait de la mort la peur ultime, un mal absolu impossible à envisager; pour d'autres, il s'agit au contraire plutôt d'un événement normal, envisagé avec sérénité. Même si la peur de la mort est instinctive pour tous les

êtres vivants, et donc tout à fait normale, la terreur qu'elle suscite est quant à elle une construction pure et simple de l'esprit, un phénomène exclusivement humain.

La grande part que joue l'expérience humaine dans l'angoisse associée à la mort offre néanmoins la possibilité de moduler cette peur, de tirer profit de nos facultés intellectuelles hors du commun pour apprivoiser l'inéluctabilité de notre vieillissement et, ultimement, de notre disparition. En ce sens, une des grandes difficultés associées à l'acceptation de la mort provient très souvent de notre incompréhension des phénomènes qui sont à l'œuvre dans l'apparition et le maintien de la vie. Lorsqu'on se rend compte de la somme extraordinaire de processus essentiels à la survie et des immenses obstacles qui ont dû être franchis pour arriver au foisonnement de la vie telle que nous la connaissons aujourd'hui, on ne peut qu'être ébahi d'avoir eu l'opportunité de voir le jour. La mort n'est pas un événement anormal ou absurde ; bien au contraire, c'est plutôt d'avoir la chance de vivre qui relève du prodige.

La mort est un prérequis essentiel pour la continuité et l'évolution de la vie. Tout comme c'est grâce à la mort des innombrables êtres vivants qui nous ont précédés que nous avons pu voir le jour, c'est notre propre mort qui permettra à de nouvelles générations de jouir de l'existence à leur tour. Un monde immortel serait forcément condamné à un état immuable et sclérosé, les limites intrinsèques à chaque individu empêchant une véritable évolution.

Nous n'avons pas existé pendant la quasi-totalité de la durée de l'Univers et nous aurons à nouveau disparu dans quelques décennies, tout comme l'ensemble des êtres qui vivent présentement sur la Terre. Mais pendant un court instant, – oh ! si bref –, des conditions exceptionnelles se sont combinées pour permettre le jaillissement d'une vie unique, la nôtre, qui n'avait jamais existé auparavant et qui n'existera jamais plus dans le futur. Au lieu d'entretenir des craintes envers la mort, profitons plutôt de ce bref passage sur Terre pour célébrer la vie et la chance que nous avons d'avoir pu participer à cette incroyable aventure. La vie est une expérience sublime, même si elle doit obligatoirement se terminer par la mort.

La nature du sujet abordé dans cet ouvrage a nécessité la consultation d'une multitude de travaux de référence, dont seulement quelques-uns sont indiqués ici.

Chapitre 1

Le cerveau à tous les niveaux!: http://lecerveau.mcgill.ca/

Linden D.J., *The Accidental Mind: How Brain Evolution Has Given Us Love, Memory, Dreams, and God*, Cambridge, Harvard University Press, 2007, 288 pages.

« Conscience : les nouvelles découvertes », *La Recherche*, n° 439, mars 2010.

Blanke O., Arzy S., « The Out-of-Body Experience: Disturbed Self-Processing at the Temporo-Parietal Junction », *Neuroscientist*, n° 11, 2005, p. 16-24.

Chapitre 2

Ciccarelli F.D. *et al.*, « Toward Automatic Reconstruction of a Highly Resolved Tree of Life », *Science*, n° 311, 2006, p. 1283-1287.

Powner M.W. *et al.*, « Synthesis of Activated Pyrimidine Ribonucleotides in Prebiotically Plausible Conditions », *Nature*, n°459, 2009, p. 239-242.

Lane N., *Power, Sex, Suicide: Mitochondria and the Meaning of Life*, Oxford, Oxford University Press, 2006, 368 pages.

Kirschner M.W., Gerhart J.C., *The Plausibility of Life: Resolving Darwin's Dilemma*, New Haven, Yale University Press, 2005, 336 pages.

Dawkins R., *The Greatest Show on Earth: The Evidence for Evolution*, Free Press, 2009, 480 pages.

Chapitre 3

Morin E., *L'Homme et la Mort*, Paris, Éditions du Seuil, 1976, 372 pages.

Wright R., *The Evolution of God*, Little, Brown and Company, 2009, 576 pages.

Hall J., « Biochemical Explanations for Folk Tales : Vampires and Werewolves », *Trends in Biochemical Sciences*, n° 11, 1986, p. 31.

Chapitre 4

Fries J.F., « Aging, Natural Death, and the Compression of Morbidity », *New England Journal of Medicine*, n° 303, 1980, p. 130-135.

Colman R.J. *et al.*, « Caloric Restriction Delays Disease Onset and Mortality in Rhesus Monkeys », *Science*, n° 325, 2009, p. 201-204.

Leslie M. « Aging. Searching for the Secrets of the Super Old », *Science*, n° 321, 2008, p. 1764-1765.

The Science of Staying Young, Scientific American: Special Editions, juin 2004.

Chapitre 5

Nuland S.B., *How We Die: Reflections of Life's Final Chapter*, Vintage, 1995, 304 pages.

Zipes D.P., Wellens H.J., « Sudden Cardiac Death », *Circulation*, n° 98, 1998, p. 2334-2351.

Physicians' Desktop Reference: http://www.pdrhealth.com:80/home/home.aspx

Organisation mondiale de la santé :www.who.int/fr

Emanuel E.J., « Euthanasia. Historical, Ethical, and Empiric Perspectives », *Archives of Internal Medicine*, n° 154, 1994, p. 1890-1901.

Chapitre 6

Barry S., Gualde N., « La Peste noire dans l'Occident chrétien et musulman, 1347-1353 », *Bulletin canadien d'histoire de la médecine*, n° 25, 2008, p. 461-498.

Kelly J., *The Great Mortality: An Intimate History of the Black Death, the Most Devastating Plague of All Time*, Toronto, Harper Collins, 2005, 384 pages.

Engleberg N., DiRita V., Dermody T. (dir.), *Schaechter's Mechanisms of Microbial Disease*, 4e édition, Lippincott Williams & Wilkins, 2006, 784 pages.

Shinya K. *et al.*, « Avian Flu: Influenza Virus Receptors in the Human Airway », *Nature*, n° 440, 2006, p. 435-436.

Taubenberger J.K., Morens D.M., « The Pathology of Influenza Virus Infections », *Annual Review of Pathology*, n° 3, 2008, p. 499-522.

Neumann G. *et al.*, « Emergence and Pandemic Potential of Swine-origin H1N1 Influenza Virus », *Nature*, n° 459, 2009, p. 931-939.

Chapitre 7

Mead R.J., « The Biological Arms Race: Evolution of Tolerance to Specific Toxins », *Proceedings of the Nutrition Society of Australia*, n° 11, 1986, p. 55-62.

Appendino G. *et al.*, « Polyacetylenes from Sardinian Oenanthe Fistulosa: A Molecular Clue to Risus Sardonicus », *Journal of Natural Products*, nᵒ 72, 2009, p. 962-965.

Goldfrank L. *et al.*, *Goldfrank's Toxicologic Emergencies*, McGraw-Hill Professional, 7ᵉ édition, 2002, 2170 pages.

« A Brief History of Poisoning » : http://www.bbc.co.uk/dna/h2g2/A4350755

Chapitre 8

Patrick U.W., « Handgun Wounding Factors and Effectiveness », *Quantico: Firearms Training Unit*, FBI Academy, 14 juillet 1989 : http://www.firearmstactical.com/pdf/fbi-hwfe.pdf

Chapitre 9

Sanchez L.D., Wolfe R., « Hanging and Strangulation Injuries », *Harwood-Nuss' Clinical Practice of Emergency Medicine*, 4ᵉ édition, Lippincott Williams & Wilkins, 2005.

Pattinson K., « Opioids and the Control of Respiration », *British Journal of Anaesthesia*, nᵒ 100, 2008, p. 747–758.

Chapitre 10

Vass, A., « Beyond the Grave: Understanding Human Decomposition », *Microbiology Today*, nᵒ 28, 2001, p. 190-192.

Goff, M.L., « Early Post-mortem Changes and Stages of Decomposition », *in* Amendt J., Goff M.L., Campobasso C.P., Grassberger, M. (dir.), *Current Concepts in Forensic Entomology*, 2010, p. 1-24.

Amendt J. *et al.*, « Forensic entomology », *Naturwissenschaften*, nᵒ 91, 2004, p. 51-65.

Department of Forensic Medicine (University of Dundee). « Postmortem Changes and Time of Death » : http://www.dundee.ac.uk/forensicmedicine/notes/timedeath.pdf

Fiedler S., Graw M., « Decomposition of Buried Corpses, with Special Reference to the Formation of Adipocere », *Naturwissenschaften*, nᵒ 90, 2003, p. 291-300.

Amélie Roberge: 20, 24, 25, 33, 36, 39, 40, 57ab, 59, 61, 63, 64, 67, 70, 105, 109, 116, 117, 120, 130, 152b, 154, 195, 199

Bridgeman Art Library: Arthur M. Sackler Gallery, Smithsonian Institution, É.-U./The Anne van Biema Collection 202; Biblioteca Ambrosiana, Milan, Italie 185a; Bibliothèque Nationale, Paris, France/ Archives Charmet 138a, 144; British Museum, Londres 81; Casa di Dante, Florence, Italie 18; Grottes de Lascaux, Dordogne, France 79; collection privée 8, 85, 100, 143a, 161; collection privée/Archives Charmet 124, 151, 190; collection privée/© Aymon de Lestrange 210; collection privée/Giraudon 26; collection privée/© Look and Learn 146; collection privée/Peter Newark Pictures 204; collection privée/photo © Boltin Picture Library 223; collection privée/photo © Bonhams, Londres, Royaume-Uni 191; collection privée, photo © Christie's Images 111, 172; collection privée/The Stapleton Collection 177, 214, 235; Deir el-Medina, Thèbes, Égypte 241; Egyptian National Museum, Le Caire, Égypte/AISA 82; Egyptian National Museum, Le Caire, Égypte/photo © Boltin Picture Library 242; Galleria dell' Accademia, Venise, Italie 224; Graphische Sammlung Albertina, Vienne, Autriche 94; Hamburger Kunsthalle, Hambourg, Allemagne 260; Herbert Ponting, Royal Geographical Society, Londres 32; Johnny van Haeften Gallery, Londres, Royaume-Uni 245; Leeds Museums and Galleries (City Art Gallery), Royaume-Uni 137; Le Louvre, Paris 76; Le Louvre, Paris, France/B. de Sollier & P. Muxel 131; Le Louvre, Paris/Giraudon 42, 162; Mauritshuis 45; Musée de l'assistance publique, Hôpitaux de Paris, France 126; Musée des Beaux-Arts, Dijon, France/Giraudon 173; Musée des Beaux-Arts, Dijon, France/Peter Willi 229; Musée du Berry, Bourges, France/ Giraudon 148; Museo Correr, Venise, Italie 150; Museo della Specola, Florence, Italie 147; National Archaeological Museum, Athène, Grèce/Giraudon 83; National Museum, Oslo, Norvège 155; Prado, Madrid, Espagne 15, 86; Service historique de la Marine, Vincennes, France/Giraudon 77; Rijksmuseum Kroller-Muller, Otterlo, Pays-Bas 12; Saint-Pierre, Vatican, Italie 112; The Marsden Archive, Royaume-Unis 187; © Tokyo Fuji Art Museum, Tokyo, Japon 218, 219; Musées et Galeries du Vatican 30; Walkert Art Gallery, National Museums Liverpool 71

Centers for Disease Control and Prevention: CDC/Dr. Fred Murphy 138b; CDC/ Jean Roy 141; Janice Haney Carr 145

David M. Hillis, Derrick Zwickl, Robin Gutell (Université du Texas): 49

Getty Images: 89, 133, 186, 189, 231; Aaron Graubart 17; AFP/Getty Images 34, 80, 134, 153, 160, 178, 207, 222, 227, 240; Andrew Errington 212; Anna Huerta 106; Anthony Bradshaw 211; Arctic-Images 28; Ashok Sinha 11; © Axel Lauerer 216; Bert Hardy 246; Celeste Romero Cano 156; Charles Thatcher 52; Christy Gavitt 50b; CMSP 60; Comstock 159; David Becker 46, 123; David Fleetham/ Visuals Unlimited, Inc. 168a; David Wrobel 168b; DEA Picture Library 243; Dr. David Phillips 54; Dr. Gopal Murti 68, 69, 230; Dr. James L. Castner 234; Dr. Kenneth Greer 122; Erik Dreyer 72; ERproductions Ltd 118; Frank Greenaway 236; Gordon Wiltsie 102; Henrik Sorensen 37; Ian Sanderson 184; Ihoko Saito/ Toshiyuki Tajima 50fn; James Balog 74; Jason Edwards 168d; Joe Raedle 41; John Sann 103; Kallista Images 152a; Kenneth Garrett 75; Luis Veiga 201; Mahaux Photography 197; Marco Di Lauro 196; Marcy Maloy 104; Mark Andersen 97; Mark Bolton 164; Mark Raycroft 233; Marta Bevacqua photos 56; Medioimages/Photodisc 50m; Micheal Simpson 237; Moredun Animal Health Ltd/SPL 127; National Geographic/ Getty Images 91; NHLI via Getty Images 200; OJO Images 110; Oxford Scientific 65; Oxford Scientific / Photolibrary 50d; Photo-Alto/Michele Constantini 181; Popperfoto/Getty Image 143b; Ralph Hutchings 65; Richard Ashworth 238; Sarah Faubus 55f; Science Photo Library 22; Simon Roberts 132; SSPL via Getty Images 209; Steve Allen 220; Steve Gschmeissner/SPL 119; Stocktrek Images 193; SuperStock 88; Time & Life Pictures/Getty Images 87, 98, 108, 140, 171, 174b, 182; Tim Flach 169; Todd Gipstein 44; Topical Press Agency/Stringer 53; Wood/CMSP 176

Groupe Librex: 29, 38, 101, 109, 226

Istockphoto: duncan1890 14

Jupiter Images: 97

Sarah Scott: 58, 84, 93, 185b, 205, 257

Shutterstock: couverture, 97, 192; A Cotton Photo 168c; Ajay Bhaskar 55g; Alexander Gitlits 135; Alleksander 55o; almondd 50a; andesign101 114; Andrejs Pidjass 55b; ansar80 55h; Anyka 50k; Basov Mikhail 21; beaumem 165b; bikeriderlondon 142; Bliznetsov 206; Carolina K. Smith, M.D. 149; Carrie's Camera 50j; Carsten Reisinger 129; Cathy Keifer 50g; chuong 254, 255; Cigdem Cooper 90; delihayat 55j; Dmitry Savinov 232; Eastimages 81; EcoPrint 50ehiop, 170; ene 115; ggw1962 180; Goran Kapor 167b; gorica 215; Graphic design 179; Gregory Johnston 55l; iDesign 27; iofoto 98; James Steidl 43; Jarno Gonzalez Zarraonandia 78; JinYoung Lee 107; Jose AS Reyes 50 l; Kobby Dagan 55m; KUCO 1,3; lcepparo 55d; Izaokas Sapiro 97b; Levent Konuk 48; Lucian Coman 55c; margita 109; Martin Fowler 166; Melinda Fawver 167a; michaeljung 55a; Monkey Business Images 55k; Natale Matt 175; Natalia Sinjushina & Evgeniy Meyke 65; Olivier Le Queinec 221; ostill 55n; R. Gino Santa Maria 55i; Richards 228; Rob Marmion 55e; SFC 174a; Stanislav Bokach 57c; Stefan Schejok 62; Stephen Mcsweeny 194; Steve Smith Photography 50c; stocksnapp 165a; Stuart Monk 55p; Supri Suharjoto 96; Suzan Oschmann 248, 251, 253; Yuri Arcurs 99

Wikipedia: 208

Cet ouvrage a été composé en ITC Legacy Serif 11/13,75
et achevé d'imprimer au Canada en septembre 2010 sur les presses de Solisco imprimeurs.